歴史を変えた100の大発見

PONDERABLES™
100
BREAKTHROUGHS
THAT CHANGED HISTORY
WHO DID WHAT WHEN

丸善出版

PONDERABLES

100 Breakthroughs That Changed History

THE UNIVERSE

An Illustrated History of Astronomy

by

Tom Jackson

Originally published in English under the title: The Universe in the series called Ponderables: 100 Breakthroughs that Changed History by Tom Jackson.

Japanese language edition published by Maruzen Publishing Co., Ltd., Tokyo.

Japanese translation rights arranged with Worth Press Limited through Japan UNI Agency, Inc., Tokyo.

Printed in Japan

宇宙

果てのない探索の歴史

トムㆍジャクソン 著　　平松 正顕 訳

丸善出版

目　次

扉画像：赤外線宇宙望遠鏡 WISE が撮影した宇宙。天体がはなつ赤外線（熱）がとらえられている。画像中央に横にのびる青や緑の光の帯は，天の川である。

星の世界に手を伸ばす

次のフロンティア

はじめに

天文学は，壮大な問いかけから始まった。わたしはどこにいるのか？わたしはどこから来たのか？ さまざまな時代のさまざまな思想家が自らの存在について問い，そして多くはその答えを星の世界に求めた。それはどうしてだろうか。風水占いにおいて，天体が未来を指し示してくれるという考え方があった。航海においては，天体が道しるべとして有用だった。そして天の世界は永遠不変であるというイメージも，こうした考え方の基礎にはあったのだろう。

1,000年前にアメリカ原住民が描いた岩絵。他の土地の人々と同じように，天界での現象を描いている。

時計，地図，占いの道具，そして方位磁針が一つになったアストロラーベは，1,000年前のスマートフォンと呼べるかもしれない。

宇宙について思いを巡らせるには，想像力が必要だ。わたしたちの宇宙についての理解は，数えきれないほどの哲学者や科学者によって作りあげられた知の体系によって支えられている。むしろ，現代においても古くからの知を引きずっているといったほうがいいかもしれない。わたしたちはまだほかの星を訪れることはできないし，地球の重力を脱して宇宙から地球を眺めた人類はわずか500名ほどに過ぎない。隣の惑星の姿でさえ，詳しく調べるには望遠鏡のレンズ越しになってしまう。人類の歴史ふり返ってみると，宇宙の構造に迫ってきたのはまず占星術の使い手であり，その後を担ったのは星を使って航海を行う船乗りであり，科学者が登場してくるのはその後なのだ。

人類が宇宙についての知識を獲得するその過程，あるいは天文学的な概念が生み出される過程には，それぞれに物語があった。この本では，その中から100のエピソードを紹介することにしよう。そのエピソードのひとつひとつが，地球を理解し，星を理解し，宇宙を理解し，そしてその中での人類の立ち位置を理解するための重要な問いかけにつながっている。

よく考えてみるべき事柄

知識を獲得するための営みには，終わりがない。観察から得られる断片的な「証拠」を理解し，直感の助けを得て理論を組み立て，多くの研究者による検討を経て確たる科学的知識が得られる。一つの発見によって理論が実証されることもあるだろうし，それまでの理論が覆されることもあるだろう。

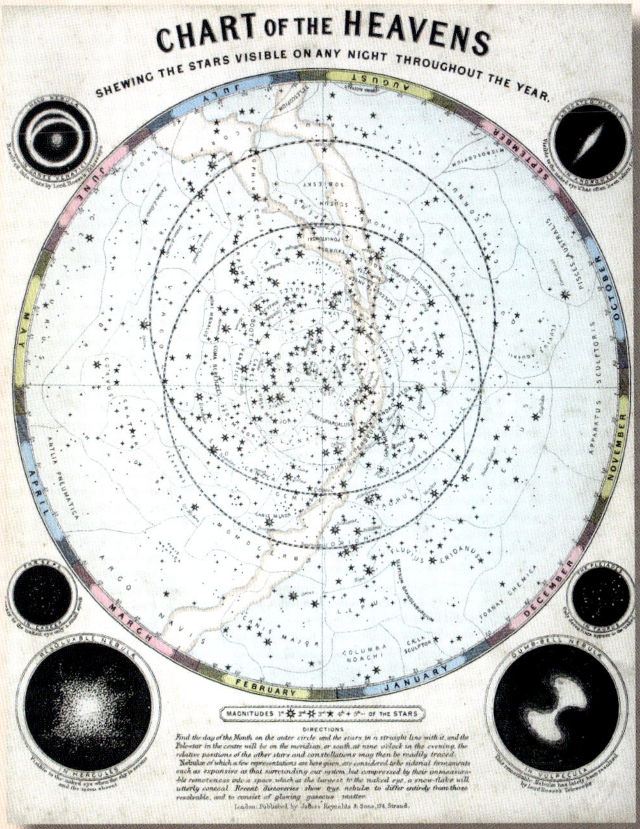

産業の発展により，詳細な星図と望遠鏡が一般にも普及し，アマチュア天文愛好家が生まれた。現在でも，多くの天体の第一発見者はこうしたアマチュア天文家だ。

こうした営みの結果として，わたしたちの世界観――わたしたちがどこにいて，何者で，そして孤独なのかどうか――が形作られているのだ。

澄んだ夜空に輝く星たちを見れば，初期の天文学が魔法や神性と密接に関わりをもっていた理由は明らかだろう。最初の星表は，神々の世界をよりよく理解し，将来を予言するために作られたと考えられている。また人類は，星々をつないで天界にさまざまな形を見いだした。こうした星座の概念は，古代メキシコから古代中国まで，世界中に存在していた。

驚きが新しい世界への扉を開く

ほかの星々とは異なる動きをする天体は人々の関心を引き，その動きは古くから記録されていた。惑星，彗星，新星といった風変わりな天体たちを調べることは，宇宙の本当の姿を理解する第一歩となった。

今や人類は，宇宙の歴史を非常に詳しく理解している（あるいは，理解していると信じている）。しかし，これまでに構築された宇宙に関する知の体系をひっくり返すような大発見は，これからも生まれるかもしれない。そうした大発見は，これまで何度も起きてきたからだ。そうした過程を経て進化してきた天文学は，他の科学の分野と同様に今や非常に多様なものになっている。星の振動を調べる星震学，地球以外でも生存可能な生命を探す宇宙生物学，そして宇宙全体の構造を調べる宇宙論，といったように。しかも，わたしたちが見ることができるのは宇宙全体の数パーセントでしかなく，それ以外はまったくの「暗黒」だというのだ。いつかわたしたちは，その暗黒世界を見ることができるのだろうか？

現代天文学はより遠くを，より過去を調べると同時に，なじみ深い天体にも新しい技術で迫っている。この写真は太陽嵐が吹き荒れるようすを紫外線で撮影したものだ。泡のように膨らむガスは，わずか数時間のあいだに太陽の２倍の大きさにまで達している。

宇宙のスケール

いうまでもなく，宇宙は巨大だ。しかし具体的にどれほど巨大なのかを想像するのは難しい。これを直感的に理解するためにいちばんいい方法は正しい比率で縮小してイラストにすることだが，宇宙の広大さゆえに個々の天体は見えないくらい小さな点にしか描くことができない。わたしたちのスケールは，宇宙の中ではほんとうに取るに足らないほどの小ささなのだ。

ここに示した図では，それぞれの惑星と衛星の大きさが正しい比率で描かれている。しかし惑星間の距離は正しくない。そして太陽の大きさも正しい比率ではない。

天文学的物差しを手に入れる

きちんとした観測結果をもとに初めて地球の大きさを測定したのは，エラトステネスである。彼によれば，地球の大きさは25万2,000スタディアであった。「スタディア」という単位は，古代ギリシア・アレクサンドリアの競技場の大きさを基準にしている。現在も使われている「マイル」という単位もその歴史は古く，ローマの歩兵が1,000歩で進む距離に由来している。科学の世界で標準になっている「メートル」という単位は，最初は赤道から極点までの1,000万分の1の距離と定義された。こうした定義はどれも人間のスケールに近く，地球の2点間の距離を測るくらいであればまだ実用的だが，天文学的な話になると桁が大きくなって使いづらくなってしまう。たとえば金星までの距離は420億メートル，月までの距離は3億5,600万メートル，という調子だ。地球にもっとも近い天体たちまでの距離ですら，想像するのが難しいほどの巨大な値になってしまうのだ。

太陽系内の物差し

太陽系は宇宙全体から見ればまだまだ狭い範囲にしか過ぎないが，天文学者は太陽系内の距離を測るときには別の単位，「天文単位」を使う。1天文単位は地球と太陽のあいだの平均距離に相当し，約1億5,000万キロメートルである。この単位は，とても便利だ。太陽と地球のあいだの距離は1天文単位だし，地球と金星あるいは火星のあいだの距離は，もっとも近いときにそれぞれ0.3天文単位と0.5天文単位になる。そして海王星の軌道は，30天文単位の大きさだ。しかしこの距離もまた，宇宙全体から見れば一歩踏み出したに過ぎない。太陽系は，少なくともその5,000倍のところまで広がっている。隣の星までは，268,305.24天文単位となり，また桁数が大きくなってしまう。そう，さらに次の単位が必要なのだ。

太陽系を超えて

太陽系の外にある天体からの情報は，ほとんどが光や電磁波（電波やエックス線）の形でやってくる。これらはすべて同じ速度で進む。その速度は，およそ時速7天文単位，あるいは秒速299,792,458メートルである。太陽にもっとも近い恒星，プロキシマ・ケンタウリから出た光は，4.24年かけてわたしたちのところに届く。つまり，距離としては4.24光年となる。これが新しい単位だ。1光年は約63,000天文単位（約10兆キロメートル）に相当する。わたしたちが見ることのできる宇宙は，138億光年の大きさをもつ。これもまた大きな数字になってしまっているので，別の単位が作られる日が来るかもしれない。

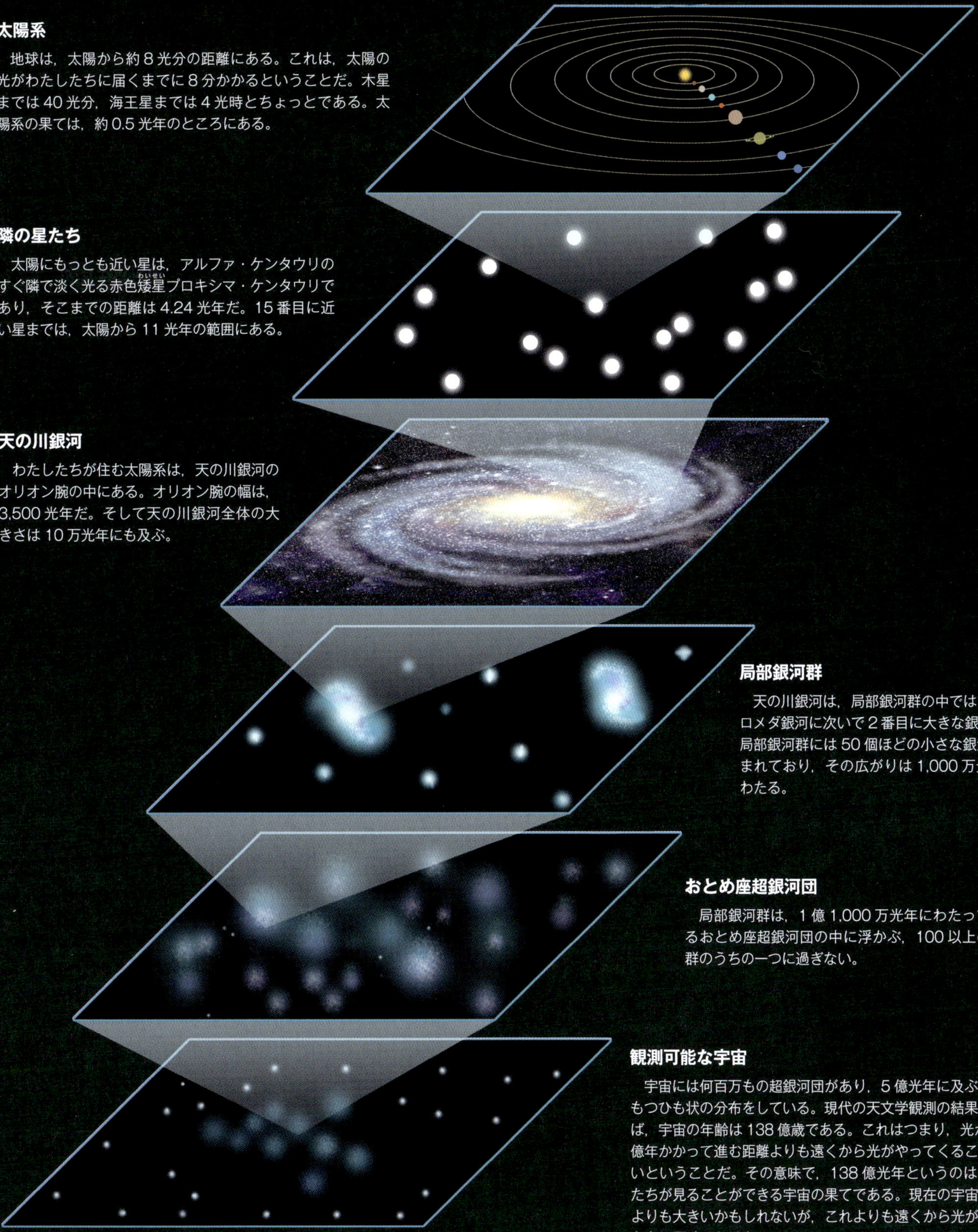

太陽系

地球は，太陽から約 8 光分の距離にある。これは，太陽の光がわたしたちに届くまでに 8 分かかるということだ。木星までは 40 光分，海王星までは 4 光時とちょっとである。太陽系の果ては，約 0.5 光年のところにある。

隣の星たち

太陽にもっとも近い星は，アルファ・ケンタウリのすぐ隣で淡く光る赤色矮星プロキシマ・ケンタウリであり，そこまでの距離は 4.24 光年だ。15 番目に近い星までは，太陽から 11 光年の範囲にある。

天の川銀河

わたしたちが住む太陽系は，天の川銀河のオリオン腕の中にある。オリオン腕の幅は，3,500 光年だ。そして天の川銀河全体の大きさは 10 万光年にも及ぶ。

局部銀河群

天の川銀河は，局部銀河群の中ではアンドロメダ銀河に次いで 2 番目に大きな銀河だ。局部銀河群には 50 個ほどの小さな銀河が含まれており，その広がりは 1,000 万光年にわたる。

おとめ座超銀河団

局部銀河群は，1 億 1,000 万光年にわたって広がるおとめ座超銀河団の中に浮かぶ，100 以上の銀河群のうちの一つに過ぎない。

観測可能な宇宙

宇宙には何百万もの超銀河団があり，5 億光年に及ぶ長さをもつひも状の分布をしている。現代の天文学観測の結果によれば，宇宙の年齢は 138 億歳である。これはつまり，光が 138 億年かかって進む距離よりも遠くから光がやってくることはないということだ。その意味で，138 億光年というのはわたしたちが見ることができる宇宙の果てである。現在の宇宙はそれよりも大きいかもしれないが，これよりも遠くから光がわたしたちに届くことはない。

人類中心の宇宙

1 星界へのモニュメント

天文学の歴史は，人類そのものの歴史と同じくらい長い。有史以前に生きた先人たちも，暗い夜空に輝く星たちにさまざまな形を見いだしていた。そしてさまざまな遺跡や出土品は，当時の人々が抱いていた星の世界への強いあこがれやおそれの気持ちを，時空を超えて私たちに伝えてくれる。

ストーンヘンジは，もっとも代表的な古代遺跡の一つだろう。立ち並ぶ巨石の本当の役割についてはまだ議論が続いており，劇場だったという説もあれば人々の祈りの場であったという説もある。夏至の日には太陽が巨石のあいだからちょうど顔を出すことから，天体観測に関係する施設だったという説もある。

人は，さまざまなものにパターンを見いだす。茂みの中にひそむ侵略者を見つけだしたり，食べ物や水のありかを表現したり，仲間と敵を区別したり。季節のリズムと天体の周期的な動きとのあいだに関係を見いだすことは，古代の人々にとってもそれほど難しいことではなかっただろう。これが，天文学の誕生だ。

星と季節のかかわりを理解することは，農耕が始まったことでさらに重要になった。作物の種まきに最適な時期を，星の動きをもとにして知ることができるようになったのだ。種をまく時期が早すぎても遅すぎても，飢えで多くの人が命を落とすことになってしまう。その危険性を少しでも小さくするために，当時の人々は，天上界の力を味方につけるための努力を惜しまなかった。現代から見れば迷信のように感じられるかもしれ

へびの形をした影

メキシコ・チチェンイツァにあるマヤ文明のピラミッドには365段の階段があり，1段が1日に対応している。このピラミッドは，空飛ぶヘビの神であるククルカンをまつる神殿だ。北側の階段の最下部には石で作られたヘビの頭があり，春分の日と秋分の日には階段の壁にヘビの形をした影が浮かびあがる。これはククルカンが天界から地上へと降りてくるようすを表している。

ないが，多くの古代文明で膨大な労力と時間をかけて巨石を並べ天を崇拝する施設が作られたのも，このためだ。こうした施設の多くは非常に頑丈に作られ，現代までその形をとどめているものもある。ストーンヘンジのように，春分や秋分（昼と夜の長さが等しい日），夏至や冬至（もっとも昼が長い日と短い日）の太陽の位置を指し示すことができる遺跡もある。また天体と直接のつながりがない遺跡であっても，天の神々と人間たちとのよりよい関係を目指して作られたものがある。エジプト・ギザのピラミッドは，その四角い底辺が正確に東西南北を指し示している。方位磁石が発明されたのはピラミッドより2,500年も後のことだから，ピラミッドの設計者たちは北極星と他の星の位置関係から方角を割り出し，巨大な墓の向きを正確に調整したのだ。

2 太陽と月の動きに従って

太陽と月，さらにいくつかの明るい星の動きを系統的に記録することで，最初のカレンダーが誕生した。古代の天文学者はこうした記録を使い，日食などの天体現象の予言を行った。

紀元前163年に現れた彗星の観測記録が記された，古代バビロニアの石版。のちの研究によって，このとき現れた彗星は現代わたしたちがハレー彗星と呼んでいる彗星であることがわかっている。

紀元前2000年までに，エジプトやバビロニアの天文学者たちは1年の長さが今でいう365日であることを知っていた。もちろんこの時代には，1年が「地球が太陽のまわりを一巡りするのにかかる時間」であることは知られていなかった。その代わり，エジプト人はシリウス（おおいぬ座の1等星）の動きをもとにカレンダーを作っていた。シリウスは，ナイル川の氾濫の時期を教えてくれる星だった。

1日や1カ月という長さも，天体現象をもとに決められたものだ。1日は太陽が昇ったり沈んだりする周期をもとにしているし，1カ月は月の満ち欠けの周期を表している。古代中国やバビロニアの天文学者たちは，太陽や月の動きを精度よく予測することができ，日食や月食の予報も行っていた。古代ギリシアの偉大な哲学者タレスは，紀元前585年の日食を予言している。伝説によれば，この日食はギリシアとペルシアの長きにわたる戦争が終結するきっかけになったといわれている。

3 空に投影されるさまざまな物語

人類が自らの神話や天地創造の物語，そして人知を超えたことがらを天上の世界に投影するのは，ごく自然なことだったかもしれない。人間界と天上の世界は別の世界と考えられていたからだ。

夜空の星をつないでできる星座は，その星座を作った人々がもつ文化を反映している。犬や熊など身近な動物，猟師や牛飼いなど当時ありふれた職業をかたどった星座が古代ギリシアで多く作られ，現代の人々もそうした星座を受け継いで使っている。しかし，現代の天文学者たちは天の領域を区切るために これらの星座を使っていて，星同士のつながり方は実は天文学者にとってはあまり意味をもたない。

同じ星に投影されるさまざまな物語

星座とそれを作った文化のつながりを知るには，一番有名な星座について調べてみるのがいいだろう。古代ローマ人によって作られたおおぐま座は，もともとはギリシア人の前に現れた大きな熊を表している。（おおぐま座は，隣り合った二つの熊の星座のうちの大きいほうである。神話によれば，この熊はギリシアの神ゼウスの妻が嫉妬に狂ったために天の世界に放り込まれてしまった，母と息子の姿である。）現代では，おおぐま座の明るい七つの星は北斗七星と呼ばれ，ひしゃくの形を連想させる。

ヒンドゥー文化では，北斗七星は古代インドの宗教書ヴェーダに登場する７人の賢人を表す星とされていた。同じ七つの星は旧約聖書のアモス書や，中国河南省にある紀元前 4000 年頃の洞窟壁画にも描かれている。

天の川は，わたしたちが住む銀河系の何十億もの星の光があわさったものである。

天の川

夜空を横切る淡い一筋の光の帯。現在わたしたちが「天の川」と呼ぶこの光の帯には，中国文化圏では「銀の川」，インドでは「天上のガンジス川」，中東やアフリカでは「わらの道」，中央アジアでは「鳥の通り道」，そしてヨーロッパでは「乳の道」と，文化によって異なるさまざまな名前がつけられている。天の川の光は非常に弱いため，都市の照明や月の光に邪魔されてしまうと見ることは難しい。しかし月のない夜に郊外まで足をのばせば，その壮大な姿を現代でも見ることができる。英語の「乳の道（milky way）」という名の語源は，ギリシア語の *galaktikos kylos*（乳の輪）であるといわれている。では，この光の帯の正体はなんだろうか？　それは，わたしたちが住む銀河（galaxy）を内側から見た姿だ。galaxy という英語は，ギリシア語で乳を表す単語から来ている。

10 世紀のアラブの天文学者アル＝スーフィーが記した『恒星の本』の復刻版（15 世紀）に掲載されているおうし座の星座絵。この本は，ギリシアで作られた星座とアラブの天文学知識を結びつける役割を果たした。

現代の星座

厳密には，北斗七星は「星座」ではなく「アステリズム」だ。北斗七星は夜空で目立つだけでなく，北極星を見つけるための目印となることでも有名だ。アマチュア天文家やボーイスカウト，船乗りたちのあいだでは，北の方角を見つけるために現在でも重宝されている。

わし座，こと座，はくちょう座のあいだをつなぐ夏の大三角形も，有名な「アステリズム」の一つだ。提唱されたのは 1920 年代だが，1950 年代に英国のテレビ番組で活躍した天文学者パトリック・ムーアが夏の星空の目印として取りあげて一躍有名になった。

星座の歴史

現代のわたしたちが使っている星座の多くは，紀元前 4 世紀頃のギリシアでつくられたものだ。そしてそれらは，紀元前 1000 年頃のミケーネ文化の神話に起源をもつ。これらの神話には，神の王ゼウスが深くかかわっている。苦しい地上の世界から救うために，あるいは栄誉を授けるために，ゼウスはさまざまな人物や動物を天にあげたとされている。有名なオリオンは狩人であり，夜空でも多くの星座とのつながりをもっている。オリオン座の隣には，猟犬をかたどったおおいぬ座とこいぬ座が，おうし座やうさぎ座を獲物として狙っている。オリオンに関する神話の一つとしては，次のようなものがある。オリオンは彼の弓を女神に渡すことを断ったため，泥棒がその弓を盗むために遣わされたのだが，誤ってオリオンを殺してしまった。このため，オリオン座は春には地平線の下に隠れてしまうのだという。別の神話では，オリオンは女神アルテミスとともに狩りに出ていた。アルテミスの兄アポロンはこれに怒り，サソリのとげでオリオンを殺してしまった。さそり座が東の空に昇ってくる頃にはオリオン座は西の空に沈んでいくため，終わることのない追跡が今も続いているのだ。

ギリシアで作られた星座は空全体に広がっているわけでなく，特に南の空にはあまりない。これは古代ギリシアから南半球の空が見えなかったからだ。星座のない領域から判断すると，現代の星座の多くは紀元前 1130 年頃，北緯 33 度周辺で繁栄したメソポタミア文明にその起源をさかのぼることができる。

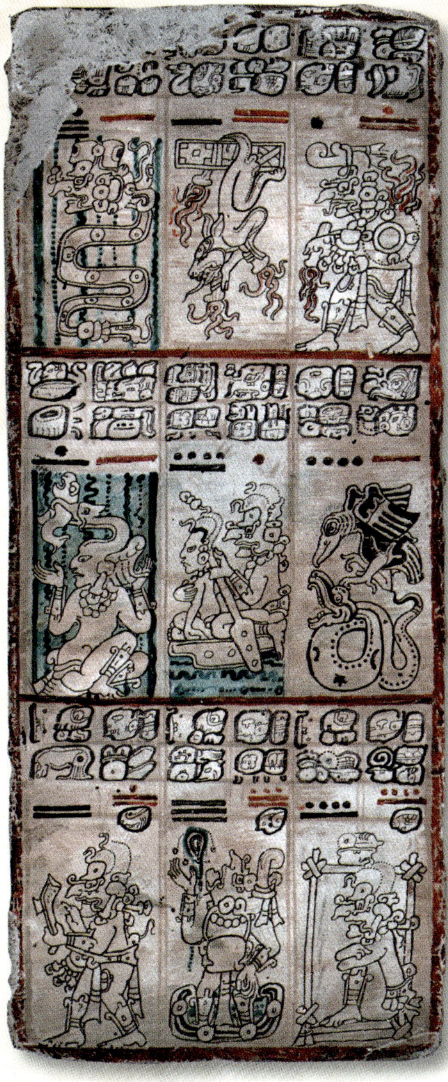

マヤ文明の絵文書の一つである，ドレスデン絵文書。樹皮に書かれている。この絵文書自体は今から 800 年ほど前に作られたものだが，さらに数百年以上前から続く様式に従って作られている。78 ページからなる絵文書のうち大半は，天の川を木に見立てた「世界樹」などの天体のデータについて書かれている。

4 止まっている星と動き回る星

黄道帯という言葉は，天文学というよりも星占いでよく使われる。星占いは，惑星の場所によって未来を予測しようとする，迷信じみた試みだ。しかし，ギリシア語で「動物の輪」を意味する黄道帯（zodiac）は，天文学に由来をもつ。

わたしたちが使っている天文学用語の多くは，古代ギリシアの天文学によってもたらされたものだ。なかには，バビロニアやさらにギリシアから遠い地域で育まれた思想を反映しているものもある。4世紀に生きた古代ギリシアの哲学者プラトンの弟子エウドクソスは，現代でも使われている星座をまとめあげるなど，大きな実績を残した古代天文学者だ。もちろん中国やインドなどほかの国では，古代の天文学者たちはそれぞれ異なる星座を使っていた。

紀元前1世紀頃にアレキサンドリアで作られたこの粘土板には，黄道帯の12の星座を表す記号が描かれている。これらの記号の多くは，現代でも使われているものだ。

動き回る天体

エウドクソスは，星の世界を表現するのにバビロニアの考え方，つまり黄道帯を取り入れた。黄道とは，ふつうの星とは異なる「動き回る星」が通る帯状の天域だ。

こうした「動き回るもの」を表すギリシア語を現代語に訳したものが「planet」，つまり惑星である。しかし当時は，「動き回るもの」という言葉は太陽，月，そして五つの小さい星たち（現代でいう，惑星）を指していた。

このうちもっとも明るく大きな天体は，太陽だ。空における太陽の通り道を黄道（ecliptic）と呼ぶ。ecliptic という単語は，月と太陽が近づいたときに食（eclipse）が起きることから来ている。

黄道のまわりで

月や惑星は，黄道からおよそ10度以上離れることはない。この範囲が黄道帯だ。黄道帯にあって月や惑星が通過していく12の星座は，預言者や哲学者にとって重要な意味をもつものだった。預言者は，誕生日と七つの「動き回る天体」との位置関係から人の将来を予言した。また哲学者は，こうした天体の動きから宇宙の中での地球の位置を解き明かそうとしていた。

5 天の神々

天に固定された星座のあいだを動き回る天体は，個性豊かな神々と結びつけられるようになった。惑星に神々の名前がつけられているのは，そのなごりである。

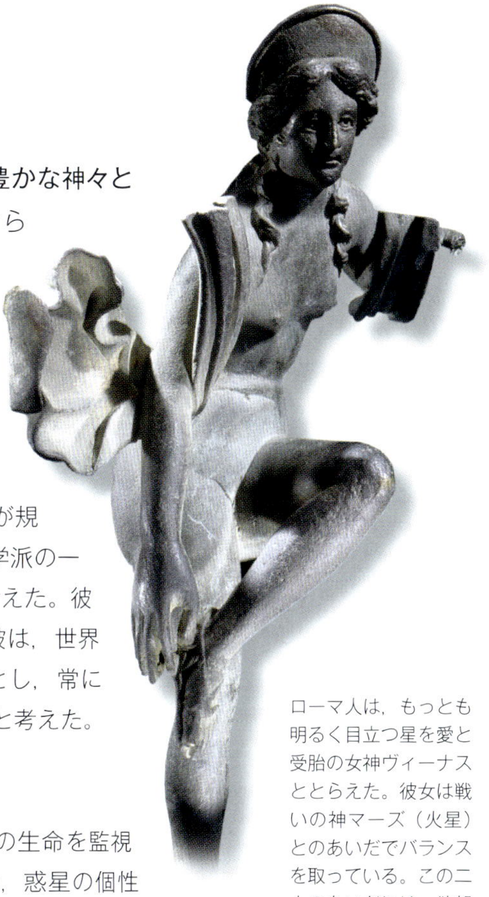

ローマ人は，もっとも明るく目立つ星を愛と受胎の女神ヴィーナスととらえた。彼女は戦いの神マーズ（火星）とのあいだでバランスを取っている。この二人のあいだには，欲望の神キューピッドという息子がいる。

エウドクソスは，数学者フィロラオスの天体運動についての教えを知っていたのかもしれない。フィロラオスは，燃えさかる炎を中心にして地球や太陽，月，惑星が円を描いて回ると考えていた。この外側に恒星が貼りついた球を置くことで，九つの天体（地球，太陽，月，五つの惑星と恒星）が規則正しく動くという世界観を作りあげた。しかしピタゴラス学派の一員であったフィロラオスは，9 という数字が不完全なものと考えた。彼らの考えでは，10 こそが完全な数字だったのだ。このため彼は，世界の中心の炎と地球のあいだに見えない天体がもう一つあるとし，常に「食」が起きているために中心の炎が地球からは見えないのだと考えた。

はたらく神

星々のあいだを動き回る月と太陽，五つの惑星は，地球上の生命を監視し影響を与えながら空をめぐる神々と考えられた。このため，惑星の個性は，神のはたらきを具現化したものだと考えられるようになった。水星（英語でマーキュリー(Mercury)，ギリシア語ではヘルメス(Hermes)）は太陽の近くにあって見ることができる時期は非常に限られるが，これは水星が神の使いでいつもすばやく動き回っているからだとされた。金星（英語でヴィーナス(Venus)）は，ローマの愛の神だ。いっぽうギリシアでは，金星は夕方に見えるヘスペルス，明け方に見えるフォスフォルスあるいはルシファーという双子の星だと考えられていた。

赤い惑星，火星（英語でマーズ(Mars)，ギリシア語ではアレス(Ares)）は，戦いと農耕の神とされた。3 月（英語でマーチ(March)）はこの神が支配する月で，戦いを始める，あるいは作物の種をまくのに適した時期と考えられた。木星（英語でジュピター(Jupiter)，ギリシア語ではゼウス(Zeus)）は緩やかな動きで明るく非常に目立つため，神々の王とみなされた。多くの神話でもそうであるように，神々の王はその父親と争い失脚させている。ギリシア神話では，この父親が土星（英語でサターン(Saturn)，ギリシア語では時の神クロノス(Cronos)）だ。土星は恒星が貼りついた球のすぐ手前を回っているとされた。ということは，惑星はこれで終わりなのだろうか。実はサターンも彼の父，ウラヌス(Uranus)（カエルス(Caelus)とも呼ばれる）と争っている。ではウラヌスはどこに？　それは，後の時代になればわかる。

天文学と占星術は，19 世紀までは完全には分離されていなかった。惑星やその他の天体の観測は，吉凶を占うために行われていた。

6 地球を中心に

地球上で成り立つ物理法則は宇宙のどこでも成り立つ，というのは，現代天文学の信念の一つである。アリストテレスは，彼の整然とした宇宙モデルにこの法則を持ち込んだ。アリストテレスは，フィロラウスが宇宙の中心にあると考えた炎を取り去り，すべての中心に地球があると考えた。

アリストテレスの宇宙モデルには科学者から何度も疑問が投げかけられてきた。しかしそうした批判は，そのたびに封じられてきた。ギリシアでは，自然は完ぺきな調和の中にあるという考えがあったからだ。そしてのちには，キリスト教（カトリック）がアリストテレスの宇宙モデルをキリスト教の教えの一つとして採用し，この教えを疑うことは許されなかった。このため，アリストテレスの宇宙モデルは紀元前 4 世紀から 1600 年代まで事実として信じられてきた。

層をなす物質

アリストテレスは，この世は四つの物質，つまり土，水，空気，火から成り立っていると考えた。地球上に存在するこの四つの要素が混ざり合って，この世のすべてのものができているというのだ。熱，乾燥，寒さ，湿気は，それらに対応する要素が存在している証拠と考えられた。くすぶる木を考えてみよう。木から出る煙はそこから逃げ出す空気，火であぶられて出てくる樹液は水，後に残る灰は土，そして炎は火そのもの，という具合だ。

アリストテレスは，自然界の背後にある力の原因は，これら四つの要素がばらばらに分かれようとする性質をもっているからだ，と考えた。土はこの四つのなかでもっとも重く，一番下に沈んで地面を作った。水はその上に乗り，空気と火がその上に存在した。火山の噴火や地震，雨は，それぞれがあるべき場所に戻ろうとする現象だと考えられた。

もっとも外側にある火の輪は月にまで届き，その外側には太陽と五つの惑星があり，これらすべてが地球のまわりを回っているとアリストテレスは考えた。そしてこれらすべてを取り囲む天球には，星が結晶となって埋め込まれていた。

月より遠くの宇宙は「エーテル」という物質で満たされているとも考えられていた。アリストテレスによれば，エーテルは人の手に届かない，そしてほかの物質と混じることのない第 5 の元素であった。太陽系の真の姿が明らかになってからも，エーテルの存在は 20 世紀にアインシュタインが相対性理論を確立するまで信じられていた。

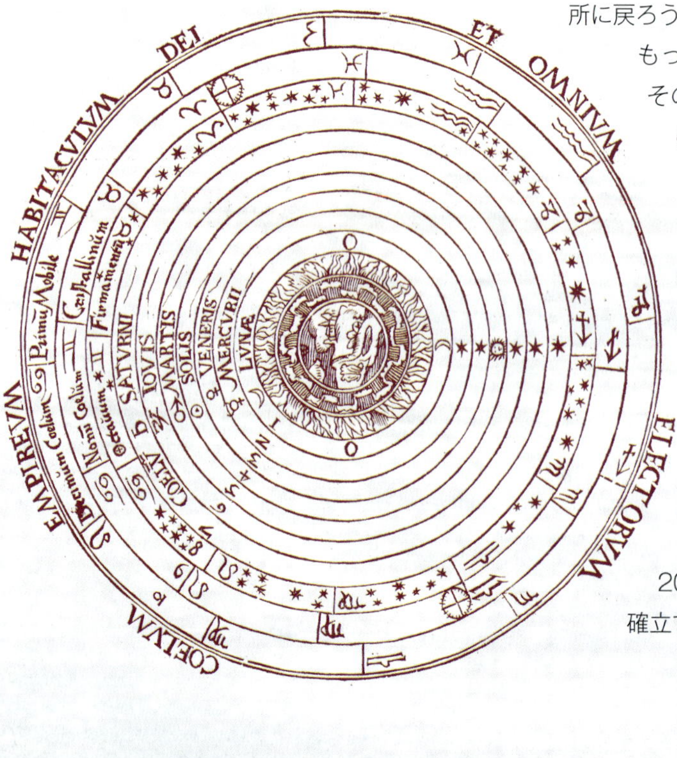

1539 年に出版された，ピーター・アピアンの宇宙図『コスモグラフィア』。アリストテレスの宇宙モデルを黄道帯の星座を示す記号が取り巻いている。数十年後，この図はニコラウス・コペルニクスによりその誤りが指摘されることになる。

7 回る天球

アリストテレスの宇宙モデルはまちがっている，と安易に否定してはいけない。彼の宇宙モデルも，一部は正しいのだ。たとえば，アリストテレスは地球が丸いと主張していた。彼がこの考えにいたった理由の一つは，ゾウだった。

いくつかの古代文明では，世界は丸いと考えられてきた。紀元前7世紀，古代ギリシア人は自分たちは円盤の上に住んでいると考えていた。いっぽう，紀元前580年頃，ミレトス学派のアナクシマンドロスは，この世は円盤ではなく円筒形で，地面はその上の面にあり，沸き立つ海水によって取り囲まれていると考えた。

アナクシマンドロスの弟子の一人，ピタゴラスは，エジプトやメソポタミア，それ以外の地域の考え方を吸収・統合した著名な数学者である。彼はすべての天体は球であると考え，地球もその一つだと考えた。しかしこの考えに賛成しない者も多かった。原子論（宇宙は「原子」と呼ばれる小さな粒からできている，という考え方）の提唱者として有名なデモクリトスは天才とあがめられたが，その後の世の中でアリストテレス的考え方が広まってしまったことで，彼の原子論というアイデアはつぶされてしまった。しかしデモクリトスも間違いを犯していた。彼は，地球は平らだと考えていたのだ。

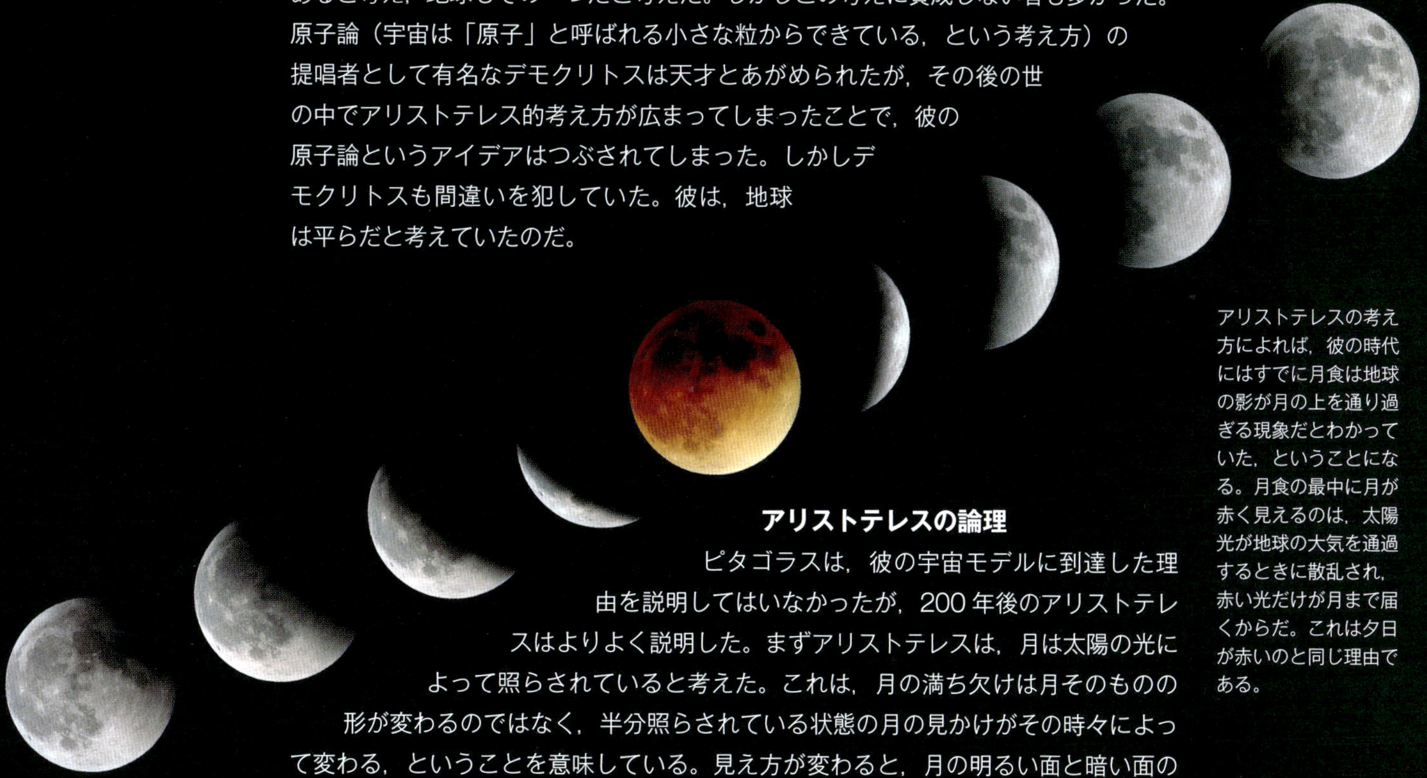

アリストテレスの考え方によれば，彼の時代にはすでに月食は地球の影が月の上を通り過ぎる現象だとわかっていた，ということになる。月食の最中に月が赤く見えるのは，太陽光が地球の大気を通過するときに散乱され，赤い光だけが月まで届くからだ。これは夕日が赤いのと同じ理由である。

アリストテレスの論理

ピタゴラスは，彼の宇宙モデルに到達した理由を説明してはいなかったが，200年後のアリストテレスはよりよく説明した。まずアリストテレスは，月は太陽の光によって照らされていると考えた。これは，月の満ち欠けは月そのものの形が変わるのではなく，半分照らされている状態の月の見かけがその時々によって変わる，ということを意味している。見え方が変わると，月の明るい面と暗い面の境界線はいつも曲線を描く。このようなことが可能になるのは，月が球であるときだけだ。月食のとき，月の上に落ちる地球の影も丸い。これも地球が球であることの証拠だ。ではなぜ円盤とは考えられないのだろう？　アリストテレスは，はるか北やはるか南に旅をすると，星と地平線の角度が変わることを知っていた。たとえば，南に行けば北極星は低くなる。これは球の上を移動しているからにほかならない。そして，アリストテレスの地球モデルで重要な役割を果たしたのは，ゾウだった。当時知られていた世界の東の端（インド）と西の端（モロッコ）の両方にゾウが生息していたから，アリストテレスは地球の東の端と西の端はつながっていると考えたのだ。

8 太陽中心の宇宙

アリストテレスの数十年後，ギリシア・サモスのアリスタルコスは地球中心の宇宙モデルとは異なる宇宙モデルを提唱した。彼は，太陽を中心に置いたのだ。

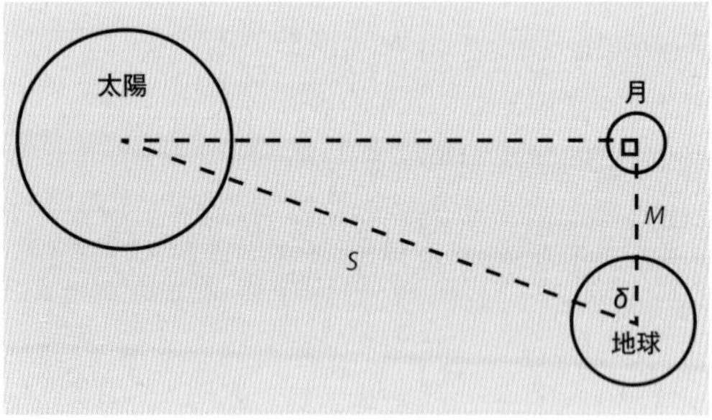

アリスタルコスは三角法を用いて，角度δから距離 M と S の比を計算した。実際には，距離 S は距離 M よりもずっと大きいから，角度δはこの図より90度に近いものになる。

アリスタルコスの太陽を中心とする宇宙モデルは，紆余曲折を経てわたしたちの時代まで伝わってきた。彼が記したもののうち唯一現在まで残っている書物『太陽と月の大きさと距離について』（紀元前250年頃出版）には，太陽中心説は明示的には書かれていないが，それにつながるヒントが残されている。この本の中で，アリスタルコスは三角法を使って，太陽は月の19倍遠くにあることを示した。また彼は，半月が見えるときには太陽・月・地球が直角三角形を形作ると述べている。そして月－地球－太陽がなす角度は87度（直角から3度だけずれている）としている。しかし彼がこの角度をどうやって測ったのか，あるいは実際に測ったのかどうかすら記録には残っていない。これは現代の天文学者であっても難しい測定なのだ。とはいえ，この角度は実際にはまちがっており，アリスタルコスは単に「90度より少し小さい」と推定しただけなのかもしれない。三つの天体が三角形を作るには，二つの角がいずれも90度になることはありえないのだから。アリスタルコスは月食のたびに，太陽は月の19倍遠くにあるという彼の計算結果を使って月や太陽の大きさを計算しようと試みた。彼の計算では，太陽は地球の7倍の大きさであるという結果になった。（実際には，109倍の大きさである。）いずれにしても，アリスタルコスは太陽はもっとも大きな天体であると考えており，このために宇宙の中心には太陽があると考えたのかもしれない。しかしこのアリスタルコスの考え方は受け入れられず，地球中心の宇宙観が長く影響力をもつことになった。当時の人々がもしアリスタルコスの宇宙モデルをきちんと受け入れていたら，この後の歴史はどんなことになっていただろうか。

9 地球の大きさを測ったエラトステネス

紀元前3世紀の終わり，ある数学者が驚くほど単純な方法で地球の大きさを計算した。この方法では，たった1回の測定だけで地球の大きさがわかるのだ。

アリスタルコスが彼の論文で地球が丸いということを主張した頃，ある時間の星の高度はその星を見る場所によって異なる，ということは広く知られていた。これは太陽

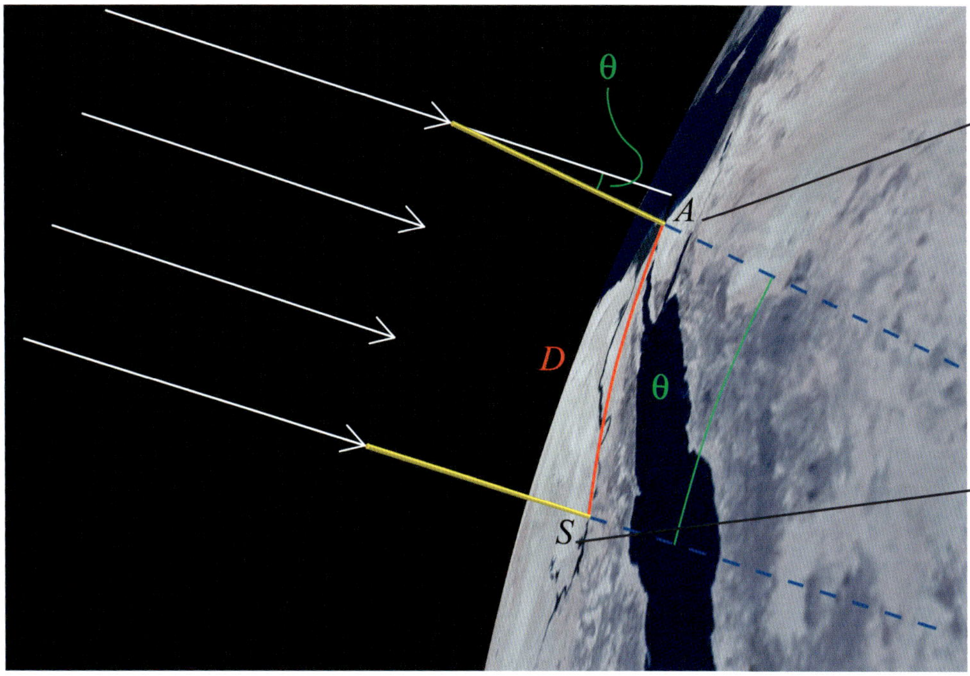

日時計の棒，その影，そして太陽光が作りだす三角形を使って，エラトステネスは夏至の日のアレキサンドリアでの太陽の角度を測定した。

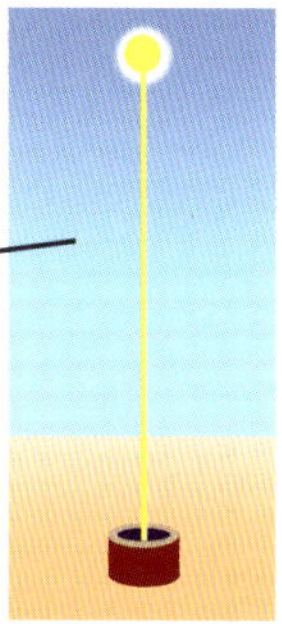

シエネでは，夏至の日には太陽の光が井戸の底まで届いた。

も例外ではなかった。エジプト・アレキサンドリアの図書館長だったエラトステネスは，夏至の日の正午にはアレキサンドリアに立てた棒には影ができるのに，そこより南のシエネ（現在のアスワン）では影ができないということを知った。シエネに近いナイル川のエレファンティン島では，正午の太陽は井戸の底まで照らす，という話もあった。そこでエラトステネスは，シエネの真上に太陽が来るのと同時刻にアレキサンドリアで棒の影の長さを測れば，図形を使って地球一周の長さが測れるのではないかとひらめいたのだ。

地球の大きさを測る方法と，その結果

エラトステネスは，太陽からやってくる光はみな平行だと考えた。この光はシエネには真上から当たるが，アレキサンドリアにはわずかに斜めに当たり，棒の影ができる。エラトステネスは彼の図書館の本から，あるいは旅商人の話から，シエネとアレキサンドリアのあいだの距離は 5,000 スタディア（古代の距離の単位。上の図で D に相当）であることを知っていた。地球の大きさを計算するには，アレキサンドリアでの太陽光の角度（上の図の θ）を測定するだけでよかった。エラトステネスは，夏至の正午に日時計の棒が作る影の長さを測定した。後の計算は，幾何学に沿ってやればいい。

アレキサンドリアの日時計を使って測った太陽光の角度 θ は，地球の中心からシエネとアレキサンドリアを見込む角度に等しい。エラトステネスが導き出した角度は 7 度 12 分，これは地球 1 周の 50 分の 1 に相当する。二つの都市のあいだの距離は 5,000 スタディアだから，地球一周は 5,000×50 スタディアのはずだ。エラトステネスはさまざまな誤差を考慮して，これより少し長い 252,000 スタディアを地球一周の長さとした。古代エジプトでは 1 スタディアは 157.5 メートルだから，エラトステネスが求めた地球一周の長さは 39,690 キロメートルとなる。驚くことに，この値は現在わかっている地球一周の長さとわずか 2 パーセントしか違わない。

10 輪に輪を重ねた宇宙

ヒッパルコスは，紀元前２世紀にロードス島にいた天文学者である。彼の作りあげた星表は非常に正確だったので，星座の星たちがごくわずかに動いていることがわかった。

ヒッパルコス自身の手による研究資料は現在ではほとんどすべて失われてしまっているため，わたしたちが目にすることができるのは，後世の人が彼について調査した結果のみである。ヒッパルコスは，彼の天文学者人生のほとんどすべてを，ロードス島の天文台で夜空の地図を作りあげることにささげた。彼の残した表には850の星が記録されており，望遠鏡を使わなかったにもかかわらず驚くほど正確なものだった。彼は，長い棒に位置の調整が可能な別の棒を取り付けた，十字棒と呼ばれる器具を使ってこの測定を行った。中央の棒をある星に向けて固定し，別の棒の先端が別の星と重なるように動かす。こうしてできた三角形を使って，二つの星のあいだの相対的な角度を測定したのだ。

ヒッパルコスは三角法の権威としてだけではなく，直角三角形の辺の長さの比と角度の関係を初めて表にした人としても知られている。また彼は，地球上の緯度・経度と同じように，すべての星に天球上の座標を与えた。さらには，星の明るさまで測定していた。

天のすりこぎ運動

ヒッパルコスは，彼が作りあげた星の地図がバビロニア時代に残されたものと一致しないことに気づいた。いくつかの星が，数百年のうちに位置を変えていたのだ。もちろん，星たちは天球が地球のまわりを回るのに合わせて時間とともに動いていくし，ヒッパルコスもこれは理解していた。ヒッパルコスは，毎年の春分や秋分に見える星たちの位置が少しずれていたのに気づいたのだ。さらに，春分と秋分の間隔も変動することにも気づいていた。彼は，春分と秋分がずれる，つまり地球がすりこぎ運動（止まる直前のコマのように回転の軸がぶれる運動）をしているのだと考えた。その大きさは，１世紀につき１度の割合だった。（現代の天文学では，この現象は地球の軸がまわりの天体の重力の影響を受けてゆっくり揺れる現象だということがわかっている。その速さはヒッパルコスが測定したものよりやや速く，26,000年で１周する。）

太陽と月の不思議な運動

ヒッパルコスは，月と太陽の距離を測ることも試みた。彼は，太陽はとても遠くにあるため距離

ヒッパルコスは，当時の知の中心地であるアレキサンドリアで数年間仕事をしていたのかもしれない。この挿絵は，十字棒を用いてアレキサンドリアでの星の位置を測るヒッパルコスの姿を描いたものだ。

は計算できないと気づいたが，月までの距離は地球の半径の59倍と見積もった。（現代の測定結果では，月までの距離は地球半径の60倍である。）また彼は，太陽と月の運動のわずかな誤差も測定しようとした。アリストテレスの宇宙観によれば，太陽と月は地球のまわりを完ぺきな円を描いて回るとされていたが，彼の観測ではその動きは完ぺきな円からは少しずれていたからだ。ヒッパルコスは太陽や月の運動がときどき速くなったり遅くなったりする現象を説明するために，離心円や周転円という考え方を用いた。太陽の運動を考える際には周転円を使い，月の運動を考える際には離心円と周転円の両方を用いた。現代からするとこの考え方はまちがっており，必要以上に複雑な考え方を持ち込んでしまったことから，「車輪の中の車輪」と呼ばれることもある。

離心円と周転円

離心円とは，点Cを中心に点Pが円を描くとき，天体（ここでは地球E）と中心Cの位置がずれている場合を指す。また周転円とは，円周上の点Aを中心とする小さな円Qのことだ。小さい円の中心である点Aも，点E（地球）のまわりを一定の速度で回っている。

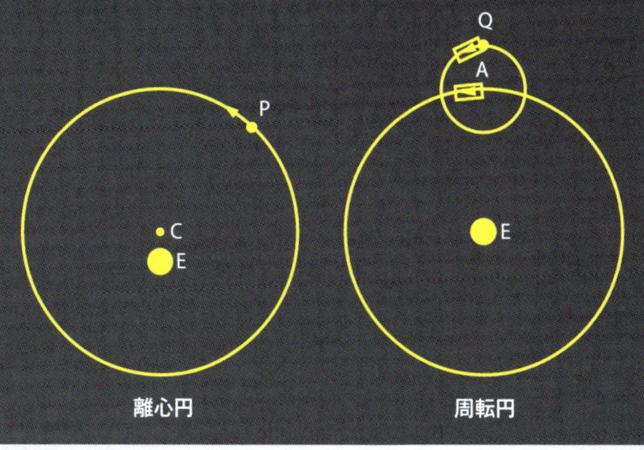

11 アンティキティラの機械

1902年，クレタ島にほど近い小さな島，アンティキティラ島の海底から不思議なものが引き上げられた。それは，アンティークの時計に似た，腐食した複雑なダイヤルのようなものだった。実はこれは，2,000年前の天文計算機だったのだ。

アンティキティラ島の近くに沈む古い沈没船の中で見つかったことから，この装置が2,000年前のものであることが判明した。この船には，紀元前70年頃，イタリアに戻る途中のローマの将軍の戦利品が満載されていたのだろう。潜水技術が未熟だったころに発見されたため，この沈没船の調査の過程で数人の潜水調査員が命を落としている。

アンティキティラの機械はきわめて精巧で，完成度は非常に高い。このため，同様の機械がそれ以前にも作られていた可能性が高い。また，この装置はヒッパルコスが住んでいたロードス島で作られたものだと推測する専門家もいる。アンティキティラの機械の用途はよくわかっていないが，専門家によれば，見つかった歯車の部分はより大きな計算装置の一部であり，ヒッパルコスが確立した軌道をもとに，ある時刻に太陽と月が星々に対してどんな位置にあるかを計算できたのではないかと考えられている。

アンティキティラの機械は，真ちゅうの歯車が木製のケースに収められたものである。歯車の歯も失われており，この歯車を回すハンドルもなくなっている。

12 ユリウス暦

古代エジプトでは，1年は365日として数百年にわたり暦が作られていたが，しだいに暦が実際の星空とずれていくことがわかった。ローマの偉大な君主ユリウス・カエサルは，この暦の問題を解決しようと試みた。

12カ月からなる現代の暦は，ローマ時代のものがもとになっている。カエサルの暦は，特定の月が特定の季節に一致するように作られた。この写真には，11月を象徴する絵柄として家畜を肉に加工するようすが描かれている。

天体は，どれも同じ動きをしているわけではない。ある日の日の出の時刻から翌日の日の出の時刻までの時間は，ある星が昇ってくる時刻から翌日その星が昇ってくる時刻までの時間より4分長い。つまり天球は太陽よりもわずかに速く回っているのだ。さらに，ヒッパルコスや同時代の天文学者たちは，1年，つまり太陽が地球のまわりを一回りするのにかかる時間が365日と6時間であることを知っていた。このため，1年がちょうど365日である暦を使っていると，ある星の動きをもとに決められたイベントがじょじょにずれていってしまうのだ。たとえば盛夏（英語でdog days）は，ローマ時代には7月に「犬の星（Dog Star）」シリウスが昇るようになる日をめやすに決められていた。しかし紀元前100年頃にはすでに暦と実際の星の動きがずれてしまっており，この二つを合わせるために行き当たりばったりに1カ月を追加するというようなことが行われていた。このため，この時代のローマの暦はひどいものだった。

紀元前46年にローマを支配したユリウス・カエサルは，暦を整理することを決意した。天文学者，アレキサンドリアのソシゲネスからの助言を受け，カエサルは366日の閏（うるうどし）年を4年に一度挿入することを決めた。この頃ローマの暦は実際の星空よりも3カ月も進んだものになってしまったため，紀元前46年という年は通常よりも長い445日とすることが発表された。こうした調整を行うことで，暦は星空と一致するようになった。

13 プトレマイオスの『アルマゲスト』

クラウディオス・プトレマイオスは古代最後の偉大な天文学者である。彼は，彼が生きた時代の科学を取りまとめて書物を残したことで有名だ。そのなかには誤解や誤りも多く含まれていたが，その点も含めて後世に多大な影響を残した。

プトレマイオスは，アレクサンドロス大王の名を冠するナイル川河口の町アレキサンドリアで活躍した天文学者である。プトレマイオスという名は，アレクサンドロス大王の後エジプトを支配した王族の名前と同じである。プトレマイオス朝は，クレオパトラ７世がローマ軍を率いるユリウス・カエサルに出会うまでの約250年間，エジプトを統治した。クラウディオス・プトレマイオスが登場したのはこれよりずっと後の時代であり，彼自身は王朝の人間とはほとんど関係がない。

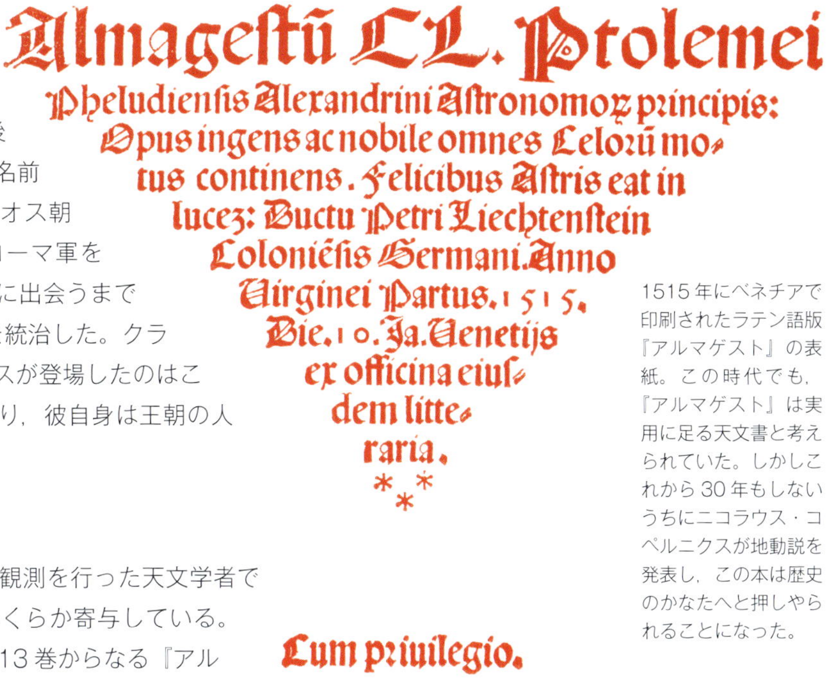
Almagestū CL. Ptolemei
Pheludiensis Alexandrini Astronomorum principis:
Opus ingens ac nobile omnes Celorū motus continens. Felicibus Astris eat in
lucē: Ductu Petri Liechtenstein
Coloniēsis Germani. Anno
Virginei Partus. 1515.
Die. 10. Ja. Venetijs
ex officina eius-
dem litte-
raria.
***

Cum priuilegio.

1515年にベネチアで印刷されたラテン語版『アルマゲスト』の表紙。この時代でも，『アルマゲスト』は実用に足る天文書と考えられていた。しかしこれから30年もしないうちにニコラウス・コペルニクスが地動説を発表し，この本は歴史のかなたへと押しやられることになった。

先人たちの知恵の結晶

プトレマイオスは活発に観測を行った天文学者であり，三角法の発展にもいくらか寄与している。しかし彼の名を有名にした13巻からなる『アルマゲスト』は，ヒッパルコスの星表や太陽と月の動きの数学的解釈をもとに書かれたものだ。プトレマイオスは天体現象を予言するためにこの本をまとめたのであり，宇宙の仕組みを説明することは目的としていなかった。しかしこの本によって，初期のキリスト教世界ではアリストテレス的宇宙観が支配的なものになった。そして，キリスト教の天地創造説と結びつき，教会が認めた「公式な知識」として世に広がっていった。

ギリシア語を話すことができたプトレマイオスは，はじめはこの書物の題名を『数学に関する論文（Mathematika Syntaxis)』とした。その後，『大論文（Mega Syntaxis)』と改められた。6世紀，天文学や他の学問の場が中東に移ると，この本は単に『偉大なもの（Greatest)』，アラビア語で『アル・マジェスティ』と呼ばれるようになった。数百年後，再びヨーロッパにこの書物がもたらされたときから，この書物は『アルマゲスト』として知られるようになった。

簡単な四分儀を用いて天体の位置を測る天文学者プトレマイオスが描かれた，粘土の装飾品。

プトレマイオスの貢献

『アルマゲスト』の内容はヒッパルコスの観測結果に基づいたものだが，プトレマイオス自身も天体観測を行ってヒッパルコスの星表を拡張し，予言された太陽や月の位置を実際に観測された位置と一致させるために軌道計算の改良を行った。彼は，惑星にもこれらの仕組みを導入したが，その結果はより複雑なものであった。惑星の動きは早くなったり遅くなったりするだけでなく，ときには逆行しているように見えることもあるのだ。こうした現象は地動説では比較的簡単に説明できるが，プトレマイオスはヒッパルコスが考案した周転円と離心円をたくみに組み合わせ，さらにエカントという概念も導入した。離心円の中にある（ただし中心とは異なる位置になる）エカントと呼ばれる点を中心に周転円が回っていると考えたのだ。

地球の場所を知る

14 アストロラーベ

紀元1000年頃まで，天文学者の仕事は天界をよりよく見つめ，そのようすをより正確に測定することであった。ここで取りあげるアストロラーベという道具はヒッパルコスにより発明されたと伝えられており，その後イスラム世界の天文学者によって完成された。

13世紀にエジプト・カイロで作られた真ちゅう製のアストロラーベ。内側の円が黄道で，明るい星たちは華麗な装飾に彩られた星座の図柄と一緒に描かれている。これらの構造を動かして後ろの板に描かれた目盛りとあわせることで，空のようすを再現することができる。

ローマ帝国の勢力が5世紀過ぎにおとろえ始めると，天文学の中心はイスラム圏に移っていった。バグダードの図書館「知恵の館」は，遠い昔に失われてしまったアレキサンドリアの図書館のような知の集積地となり，ヨーロッパの大学のモデルともなった。

イスラム世界の天文学においては，聖地メッカの方角（キブラ）と祈りのための時刻を正確に求めることが重要視された。これにより，イスラムの指導者は正しい時刻に正しいやり方で祈りをささげることが可能になった。天文学者は「星をつかまえる」という意味をもつ「アストロラーベ」という道具を用い，この仕事を行った。アストロラーベは天界の構造を平面に再現したものである。リートと呼ばれる部分には黄道といくつかの明るい星が描かれており，その上に天球上の座標が刻まれた板が重ねられている。この二つの板は，ちょうど現在の星座早見盤のように，時刻が刻まれた外枠の中で回るようになっている。アストロラーベを使って時刻を知るには，まず明るい星の高度を測り，それに合致するようにアストロラーベを調整する。またモスクを建てる際には，測量技師はこのアストロラーベを使って方角を求め，メッカの方向を指し示す壁面のくぼみ「ミフラーブ」の位置を決定した。

イスラム黄金時代においては，学問上の発見も多く生まれた。10世紀の科学者イブン・アル＝ハイサムは「わたしたちは何を見ているのか」という基本的な問いに答えを与えた。彼は，物体からの光がわたしたちの目に届くことでその物体が見える，という説を唱えた。これは，わたしたちの目から放射されたものが物体に当たることで見えるようになる，というプトレマイオスの考えとは逆の考え方であった。イスラム世界でも地球は宇宙の中心だと考えられたが，アル＝スーフィーをはじめとする天文学者たちはプトレマイオスの宇宙像を引き継ぎつつ，歴史上初めてアンドロメダ銀河（「小さな雲」と書かれている）や多くの星を記録に残した。現在天文学で使われる多くの英単語（天頂を表すzenith，水平方向の角度を表すazimuth，仮想的な天の底を表すnadir，暦を表すalmanacなど）がアラビア語に語源をもつのは，そのためだ。またベテルギウス，リゲル，アルタイルといった星の名もアラビア語起源なのだ。

15 かに星雲の出現

1054年，おうし座の中に突如として明るい星が現れた。しかしこの星はその後2年のうちに見えなくなってしまった。中国の天文学者は，現在超新星爆発と呼ばれるこの現象を克明に記録していた。この超新星爆発は，後にぼんやりとした雲のような天体を残している。これは現在，かに星雲として知られている。

中国の天文学者たちはほかにもこうした「客星（かくせい）」，つまり夜空に新しく現れた天体を記録している。多くは彗星（すいせい）や，16世紀にティコ・ブラーエが定義した新星と呼ばれる天体などであったと思われる。新星を表す英単語 nova とはラテン語で「新しい」を意味する言葉であり，夜空で突然明るさを増す天体の総称であった。現在では，1054年の客星は超新星爆発と呼ばれる星の大爆発であったことをわたしたちは知っている。こうした現象の正体がわかったのは1930年代になってからのことであり，1054年の超新星（SN 1054）はもっとも昔に記録された超新星爆発の一つである。

世界中で観測された超新星爆発

中国の天文学者が1054年の超新星爆発を記録したのと同じように，日本や韓国の天文学者もこの超新星爆発についての記録をそれぞれ残している。また米国・ニューメキシコ州のチャコ・キャニオンの岩絵にも，アメリカ原住民がこの超新星を描いている。1056年までにこの超新星爆発は見えなくなってしまったが，1731年に英国の天文学者ジョン・ベヴィスがこの場所に淡いしみのような天体（現在のかに星雲）を発見した。現在星雲と呼ばれるこのような天体はこれより100年ほど前から発見されており，かに星雲もこの仲間に加えられた。

かに星雲という名前は，1845年にウィリアム・パーソンズによって名づけられた。星雲から放射状にのびる構造がカニの足を連想させたからである。ここに挙げた写真は現代の観測装置で撮影されたものであり，ガスの細かな構造まで描きだされている。このガスは約1,000年前に起きた超新星爆発以来，秒速1,500キロメートルという速度で広がり続けている。

16 世界を変えたコペルニクス

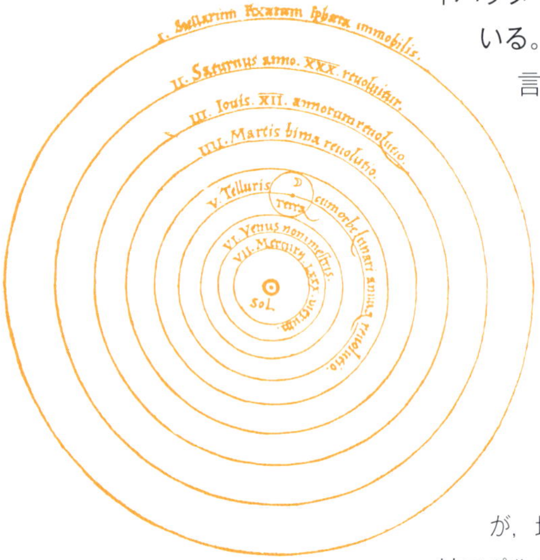

「パラダイム・シフト」という言葉は，最近頻繁に使われている。厳密にいえばこれは科学的な仮説の大転換を指す言葉である。人類の歴史上もっとも大きなパラダイム・シフトをもたらしたのは，ニコラウス・コペルニクスだ。

「太陽やその他すべての天体は地球を中心に回っている」という古来からの常識は，コペルニクスによって，まるで夢から覚めたかのように打ち砕かれた。地球は，太陽のまわりを回る惑星のうちの一つに過ぎなかったのだ。

コペルニクス以前にもこうした考えをもった人はいたが，地動説を広く公表しさらに天文計算でそれを裏づけたのはコペルニクスが最初であった。コペルニクスは医学の勉強をしていたときに天文学に関心をもった。この頃は，星の動きが人の健康に影響を与えていると考えられていたからだ。コペルニクスは天文学を教えるためにローマに行き，天体の運行を記述する周転円や離心円の複雑さに疑問を抱くようになった。彼がより単純な地動説をいつ思いついたかは定かではないが，ポーランドに戻って聖職者として働きながら彼は異端とも思われる説を発表し始めた。しかしコペルニクスは，権威に反抗しようとはしなかった。彼は考えをまとめた原稿をある学生にたくし，その学生はコペルニクスの死後その原稿を本として出版した。この本はすぐにローマ教皇によって発行禁止の処分が取られ，その後300年にわたって処分が解除されることはなかった。

ニコラウス・コペルニクスの著書『天体の回転について』に掲載された，六つの惑星の軌道図。惑星たちは太陽のまわりを回っている。

ニコラウス・コペルニクスはポーランドの英雄だ。太陽を中心とする太陽系モデルを手にするコペルニクスの像は，ワルシャワのポーランド科学アカデミーに設置されている。

17 ティコ・ブラーエの天文台

1600年代に入るまで，カタログに記載された2,000個の星はすべて肉眼で観測されたものだった。ティコ・ブラーエは望遠鏡発明前の最後の偉大な天文学者であり，世界最初の専用天文台で観測を行った。

ティコ・ブラーエは，悪役天文学者として描かれることが多い。人を不快にさせるような性格だったと伝えられるだけでなく，信じられないほど裕福で，デンマークとスウェーデンのあいだにある島に荘厳（そうごん）な観測所を建設した。このウラニボリ（天の城）天文台には観測に使うための高い塔が建てられ，巨大な家屋と庭が併設されていた。しかしバルト海に吹く強い風のためにこの塔は揺れがひどく，精密な観測ができなかった。野心的な観測装置を作るためにティコ・ブラーエは，ステルネボリ（星の城）天文台を新たに建設した。この天文台の主要部分は，風の影響を避けるために地下に作られた。

オランダの地図製作者ヨハン・ブラウが描いたティコ・ブラーエのウラニボリ天文台。ティコとその弟子が描かれている。地下の実験室，中段の受付エリア，そして屋上の観測エリアがよくわかる。

天界は変動する

コペルニクスが提唱した地動説では，地球が位置を変えることにより星の位置が見かけ上変化すること（年周視差）が予言されていた。しかしティコはこの年周視差が検出されなかったことから，コペルニクスの考えには賛同しなかった。これは実は，星が当時考えられていたよりもずっと遠くにあるため，年周視差はティコが計算したものよりずっと小さいものであり，当時の観測精度では検出が不可能だったのだ。ティコは，太陽が地球のまわりを回り，ほかの惑星は太陽のまわりを回るというモデルを提案した。この考え方は今となっては正しくないが，ティコが作りあげた星図は当時もっとも正確なものだった。1572年には，金星に匹敵するほどの明るさになる新星を発見した。この新星（SN 1572）はほかの星よりも特別に地球に近いという証拠は得られなかったので，星々が存在する天の世界は決して永遠不変ではなく，ほかのものと同様に変動するものだということが明らかになった。

18 新しい暦

ユリウス・カエサルによる改良が加えられた後も，西洋の暦ではまだ1年が365日と6時間であり，実際より11分長いものであった。この問題が明らかになるには何百年もかかったが，イースターの日付がずれてしまう事態が発生したことで，ローマ教皇は行動を起こした。

イースターの日付の求め方は，西暦325年にローマ皇帝コンスタンティヌス1世のもとで行われた第一ニケーア公会議で決定された。15世紀に描かれた公会議の絵では，中央にコンスタンティヌス1世が座っており，そのまわりをキリスト教の司教たちが取り囲んでいる。実際の季節と合致するようにイースターの日付の求め方が改められたのは，このときから1250年後のグレゴリウス13世の時代になってからであった。

イースターは，月の動きをもとにした太陰暦で計算される祝祭の日だ。初期のキリスト教指導者たちはこの日を復活の日ととらえ，春分の日の後の最初の満月の後の日曜日をイースターと定めた。春分の日を境に，自然は冬の休眠からよみがえると考えられていたからだ。

キリスト教ではイースターの前に受難節など重要なイベントが目白押しのため，前もってイースターの日を知ることはとても重要だ。この日付を計算する際，聖職者たちは春分の日の前にある受難節の満月（冬の最後の満月）の日を注意深く調べなくてはならない。受難節の満月が早すぎる時期に来てしまうと，聖職者たちはそれを「裏切り者」（古い英語で belewe）と呼んだ。一つの月に1回余計に現れる満月のことをブルームーンと呼ぶのは，この古い英語がもとになっている。

ユリウス暦のずれ

ユリウス暦の1年が実際より11分長いということは，128年で1日のずれが生じるということになる。16世紀，ヨーロッパで中世が終わりを告げる頃には暦は1週間以上ずれてしまっており，イースターもかなり早まってしまっていた。いっぽうでクリスマスのような日付が固定された祝祭も，元の季節から次第にずれてしまうようになっていた。もし暦の調整をしなければ，クリスマスとイースターが重なってしまうことも起きるだろう。（実際には，そんなことが起きるのは何千年も先のことだが。）

1578年，ローマ教皇グレゴリウス13世は改暦を決意した。ドイツ人数学者で忠実な天動説論者であったクリストファー・クラヴィウスをはじめとする専門家の助言に基づき，グレゴリウス13世はユリウス暦の閏年（うるうどし）の決め方をわずかに変更した。ユリウス暦では100で割り切れる年（1600年や

ブルームーン，ハーベストムーン，ハンターズムーン

1カ月は，月の満ち欠けのサイクルとほぼ同じである。月の満ち欠けのサイクルは約29日なので，1年間には13回満月があることになる。「ブルームーン（blue moon）」とは，同じ月のあいだに訪れた2回目の満月を指す。ブルームーンは珍しい現象なので，英語には，珍しいことが起きたことを表す「ブルームーンに一度（once in a blue moon）」という慣用句もある。ハーベストムーン（harvest moon）は，秋分に近い満月のことを指す。日が沈んだ直後に昇ってくる明るい満月のおかげで農場が明るく照らされ，農民たちは収穫作業を続けることができることからこの名がある（上図）。ハーベストムーンの次の満月はハンターズムーン（hunter's moon）と呼ばれる。この月も日没後に明るくぽっかりと浮かんでおり，秋に渡りを行う鳥たちを狩る際にほどよい光を投じてくれる。また同時に，豊かな狩りや収穫の時を知らせてくれる存在でもある。

1700 年）は閏年にならないと定めていたが，400 で割り切れる年は閏年とすることにした。これにより，平均的な 1 年は 365 日 5 時間 49 分 12 秒となった。グレゴリウス 13 世は大きくずれてしまった暦を元に戻し，イースターが春に来るようにしようとしたのだ。この改暦は 1582 年 10 月 4 日に発表され，その翌日は 10 月 15 日とされた。（つまり，11 日分のずれが取り除かれた。）

ユニバーサル・カレンダーの完成

グレゴリウス 13 世の改暦により，1 日のずれは西暦 3719 年まで生じないこととなった。しかしこの暦が世界中で使われるようになるには，350 年もの時間がかかった。カトリックの国々では 1582 年までにこの暦が使われるようになったが，プロテスタントの国々では導入に時間がかかった。スウェーデンでは 11 日間の調整を 40 年にわたってじょじょに行ったため，このあいだはスウェーデンと他の国々とで日付にずれが生じたことになる。北米を含む大英帝国では 1752 年に新しい暦が導入された。トルコでは 1929 年までユリウス暦が使われ続けていた。

19 磁石の惑星

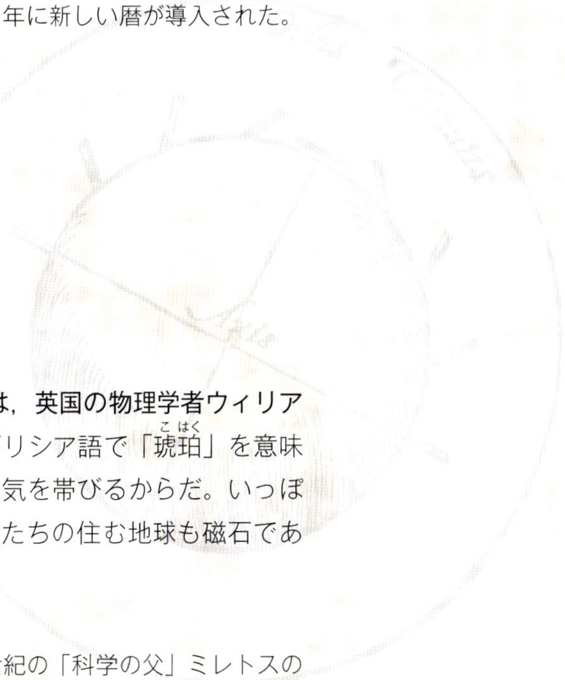

電気（electricity）という単語を初めて用いたのは，英国の物理学者ウィリアム・ギルバートだった。electricity という言葉はギリシア語で「琥珀（こはく）」を意味する言葉をもとにしている。これは琥珀がよく静電気を帯びるからだ。いっぽう，電気は磁石の力とも深く関係している。わたしたちの住む地球も磁石であり，このことを発見したのもギルバートであった。

電気と磁気について初めて言及したのは，紀元前 6 世紀の「科学の父」ミレトスのタレスだった。電気は，古代の樹液が固まった琥珀とかかわりがある。琥珀をこすると静電気を帯び，羽やほこりといった軽いものを引きつける。磁気を表す magnetic という英単語は，magnitis lithos（ギリシア中部，マグネシアの石）から来ている。ここで取れる石は磁鉄鉱（自然に磁気を帯びた酸化鉄）として知られているのだ。

『磁気について』に掲載された，地球上での方位磁針の向きを表す図。地球の南北軸は図の左右に相当する。地球の磁力は宇宙にも伸びていて，その及ぶ範囲は Orbis Virtutis と名づけられている。実際に宇宙空間で地球磁場を観測できたのは，1950 年代に人工衛星が打ち上げられるようになってからである。

『磁気について』に掲載された，磁石を作るウィリアム・ギルバート。熱した鉄の棒を南北に置き，ハンマーでたたいている。

ミレトスのタレスから 2,200 年後，ウィリアム・ギルバートは書籍『磁気について（De Magnete)』を出版した。その中で，ギルバートは地球そのものが大きな磁石であると説いた。磁石の S 極と N 極が互いに引き合うように，方位磁針の針は地球の極に引かれることで南北を指し示すのだ。ギルバートは，磁鉄鉱を用いて地球を模したテレラという装置を開発した。テレラの表面に置いた方位磁針は，実際に地上で方位磁針を使うときと同じように南北を示す。現在では，地球が磁場をもつ原因は，地球の中心で流体の鉄が回転しているからだと考えられている。

20 リッペルスハイの望遠鏡

望遠鏡発明のきっかけははっきりしないが，この挿絵ではリッペルスハイの子どもたちがレンズで遊ぶうちに望遠鏡を発明したようすが描かれている。

天文学者の能力は，どれくらいの情報を夜空から引きだせるかにかかっている。オランダのレンズ職人によるある発明により，より遠くを，より詳しく調べることが可能になった。

ハンス・リッペルスハイは，オランダのミデルブルフという町に暮らしていた。リッペルスハイはレンズの研磨を仕事にしていて，老眼鏡につかうレンズを手作業で磨いていた。リッペルスハイは 1954 年に生まれ故郷であるドイツからオランダに移住してきたが，これはミデルブルフのもう一人の偉大なレンズ職人サハリアス・ヤンセンが顕微鏡を発明した数年後のことだった。ヤンセンは，2 枚のレンズを筒の両端に固定することで物体を拡大して見ることができると気づいたのだ。1608 年，リッペルスハイはヤンセンの顕微鏡と同じような仕組みの大きな道具を作り，遠くの物体を拡大して見ようとした。一説によれば，リッペルスハイの子どもたちが，2 枚のレンズを適当な距離だけ離して持ったところ，近くの教会にある風向計が拡大されることに気づいたのだといわれている。しかし，リッペルスハイが近くに住んでいたヤンセンの顕微鏡をヒントにして望遠鏡を作ったことはまちがいないだろう。いずれにしても，リッペルスハイの「オランダ拡大グラス」は世の中に広まっていった。

21 ケプラーの法則

優れた数学者でもあったヨハネス・ケプラーも，決して迷信と無縁ではなかった。彼はプロの占星術師でもあったのだ。しかしケプラーのまわりには豊富な天体観測のデータがあり，かつケプラーの能力のおかげで，世界で初めて真に科学的な天文学の法則を導くことができた。

ドイツ南部やオーストリアでまき起こった宗教的な迫害により，キリスト教ルター派の信者であったケプラーは，プラハへの移住を余儀なくされた。そしてケプラーは，観測家ティコ・ブラーエの助手になった。ティコ・ブラーエは祖国オランダで国王からの支援を失うと，神聖ローマ帝国皇帝ルドルフ 2 世の皇室つき天文学者となった。ルドルフ 2 世は統治能力に劣り，現在のドイツを中心とする地域は 30 年戦争により疲弊してしまった。しかしルドルフ 2 世は芸術と科学には深い理解を示し，のちの科学

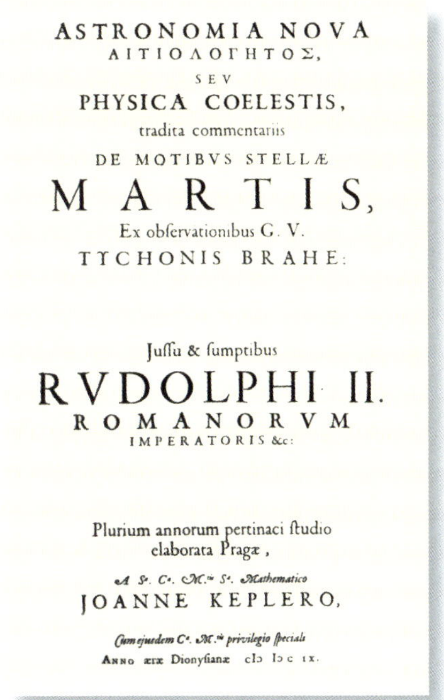
ASTRONOMIA NOVA
ΑΙΤΙΟΛΟΓΗΤΟΣ,
SEV
PHYSICA COELESTIS,
tradita commentariis
DE MOTIBVS STELLÆ
MARTIS,
Ex observationibus G. V.
TYCHONIS BRAHE:

Jussu & sumptibus
RVDOLPHI II.
ROMANORVM
IMPERATORIS &c:

Plurium annorum pertinaci studio
elaborata Pragæ,

A S. C. M.tis S. Mathematico
JOANNE KEPLERO,

Cum ejusdem C. M.tis privilegio speciali
Anno æræ Dionysianæ cIɔ Iɔ c ix.

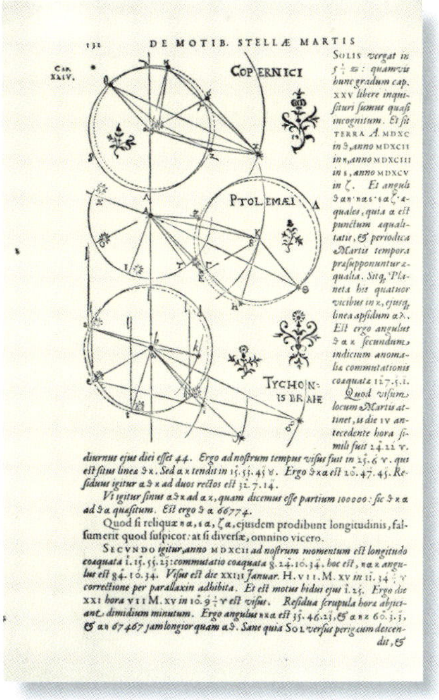

革命の基礎となった。

ティコ・ブラーエが1601年に死去した後，ケプラーはティコが生涯秘密にし続けた惑星の運動に関する記録を引き継いだ。ティコとは違い，ケプラーはコペルニクスの考え方を支持していた。しかしケプラーも，数世紀前の研究者と同様に，惑星は完ぺきな円軌道をもっていると考えていた。ティコが残した記録のうちもっとも精度が高かったものは火星の運動に関するもので，ケプラーはこの調査に6年の歳月をかけた。ケプラーの研究成果は，『新天文学（Astronomica Nova)』と題した本にまとめられ，1609年に出版された。それによれば，惑星は太陽のまわりを円軌道で回っているのではなく，楕円（だえん）軌道で回っていると結論づけられた。

『新天文学』の表紙と挿絵。この挿絵により，ケプラーはコペルニクス，プトレマイオス，ティコの宇宙像を図によって比較した。

焦点の変化

楕円の性質については，古代ギリシアの時代からよく知られていた。楕円は，円錐をある平面で切ったときの断面に現れる形，「円錐曲線」の一つである。楕円には焦点が二つあり，二つの焦点までの距離の和は楕円上のどの点から測ったときも等しくなる。円は，二つの焦点が重なった特殊な楕円に相当する。

ケプラーは，惑星の運動に関する性質を三つの法則としてまとめた。一つ目の法則は，惑星は楕円軌道を回るというもの。二つ目の性質は，惑星が太陽に近いときは早く運動し，距離が離れるとゆっくり運動するというものである。これを数学的に説明するならば，惑星と太陽を結んだ線が単位時間あたりに描く面積は，惑星がどの位置にいても同じ，ということになる。第3の法則は，軌道周期（ある惑星にとっての「1年」）の2乗は，太陽と惑星の平均距離の3乗に比例するというものである。

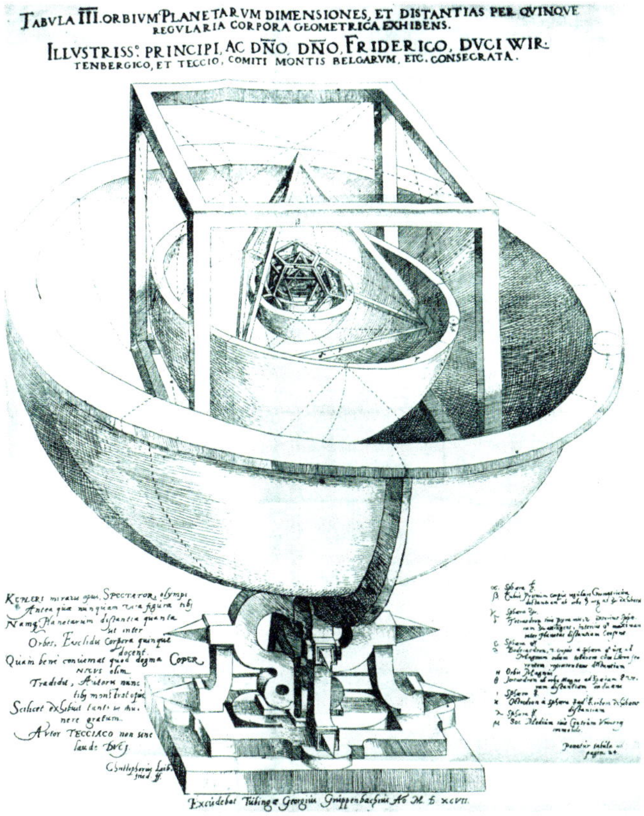

ケプラーは，宇宙は数学的に調和のとれた世界である，という古代ギリシアの考え方を採用した。ティコに出会う前，ケプラーは5種類の正多面体に内接あるいは外接する球で惑星の運動を説明しようと試みていた。ケプラーは1596年に出版された『宇宙の神秘』という本でこの説を紹介している。

22『星界の報告』

ガリレオ・ガリレイは，あまりに偉大で著名なので，歴史家であってもフルネームでは呼ばないほどだ。1610年，ガリレオは自作の，しかし当時世界最高性能の望遠鏡を初めて天に向けた。彼の見た宇宙により，天文学は大きく進展したが，同時にガリレオ自身に多くの災難をもたらした。

ガリレオの業績としては，天体観測と地動説の支持がよく知られている。地動説を唱える一派は，当時強大な権力をもっていたカトリック教会の教えと真正面からぶつかることになった。しかしこのときガリレオはすでに，カトリック教会が「解き明かされた真実」として採用していたアリストテレス的宇宙観を突き崩しつつあった。1589年，ピサの斜塔から重さの異なる二つの鉄球を落下させる実験を行ったのだ。二つの鉄球は同時に地面に到達したが，これは「重いものほど早く落ちる」というアリストテレスの重力理論を否定する実験結果だった。

光を得る商売

しかしガリレオにとってみれば，つつましやかな科学研究は彼の望む生活ではなかった。ハンス・リッペルスハイが望遠鏡を発明したことを知ったガリレオは，望遠鏡がヴェネチアの町で売れ筋の商品になるだろうと予測し，金もうけの計画を練った。望遠鏡は，海運でさかえた町ヴェネチアにとっては非常に価値の高いものだった。貨物を満載して港に向かう船からの情報を手に入れることができれば，ヴェネチアでの市場価格を調整することができる。望遠鏡をもち，情報を手に入れたものがもうけを得るのだ。

望遠鏡をヴェネチアの名士たちに披露するガリレオ。ガリレオが作った望遠鏡のうちもっとも性能のよいものは30倍の倍率をもち，リッペルスハイのそれよりも10倍倍率が高かった。

屈折望遠鏡

ガリレオは，屈折望遠鏡を用いて数々の天文学上の発見を成し遂げた。屈折望遠鏡には２枚のレンズが使われており，これらによって星の光を焦点に導いて拡大する。曲がったガラス面で光が曲がることは古くから知られていた。光は，ガラスに入るときと出るときに方向が曲がる，つまり屈折する。レンズ表面の曲面により光の進行方向は曲げられ，すべての光線がレンズの反対側の一点に集められる。これが望遠鏡の前面に取り付けられた対物レンズのはたらきであり，集められた光が焦点付近に小さな，しかし明るい像を作りだす。いっぽう接眼レンズのはたらきは，この像を拡大して見せることにある。像から入ってくる光線は接眼レンズによって広げられ，より大きな「虚像」が作られる。これにより，対象の物体をより大きくはっきりと見ることができるのだ。

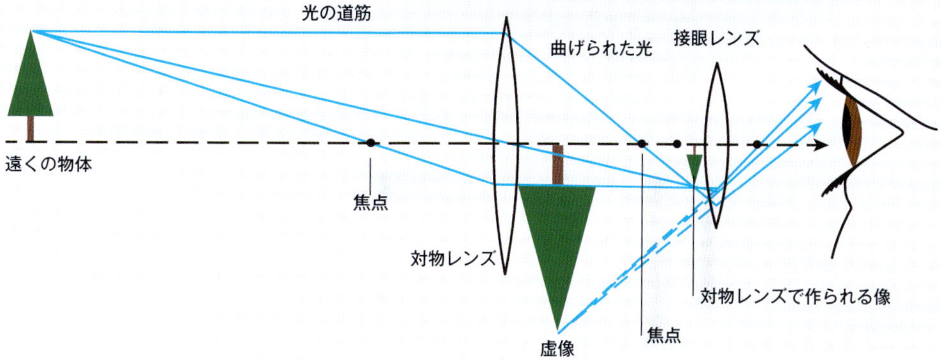

天体観測用の屈折望遠鏡はレンズ２枚からできており，すべての物体が上下さかさまに見える。

ヴェネチアの人たちは，発明者であるリッペルスハイにではなく，ガリレオに望遠鏡の複製を依頼したのだ。ガリレオが作った望遠鏡はリッペルスハイのものよりも性能がよく，学者としての給料と同じくらいの金額をガリレオは望遠鏡製作によって得ることができた。

夜空の奥へ

望遠鏡で夜空を見たのはガリレオが初めてではないとされているが，彼が 1610 年に記した書籍『星界の報告』は，宇宙についての初めての科学的な報告書であった。ガリレオは夜空でもっとも明るい天体である金星を望遠鏡で観測し，月と同じように金星にも満ち欠けがあることを発見した。これは，金星の照らされている面が地球からでは一部しか見えないことを意味する。もし教会の教えにあるように金星が地球のまわりを回っていたとしたら，どうしてこんなことが起きるのだろうか？金星の満ち欠けは，金星が地球と同じように太陽のまわりを回っていることを示している。さらにガリレオは木星を望遠鏡で観測し，木星のまわりに三つの星を発見した。これらの星たちは毎晩位置を変え，数日後には四つ目の星が現れた。ガリレオは，これが木星を回る四つの月であることに気づいた。すべてのものは地球を中心に回っているというアリストテレスの宇宙観に反する観測結果だった。

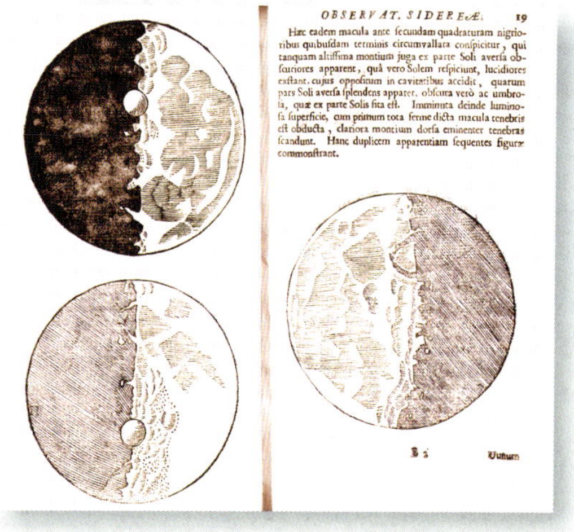

ガリレオは月面のスケッチを多く残している。月の明るい面と暗い面の境界に，山脈やさまざまな地形を見いだした。

これらの発見が広く世に知られるようになると，ガリレオはカトリック教会による取り調べを受けるようになった。神学者たちは，太陽が静止しているというガリレオの考えはばかばかしいものだと明言し，ガリレオに彼の説を撤回するように迫った。ガリレオは数年間にわたって自説を唱え続けたが，ついに異端尋問にかけられ，投獄されるのを避けるために自説を撤回した。1992 年になってようやく，ローマ法王庁はこのときのガリレオに対する自らの過ちを認め，謝罪した。

23 金星の太陽面通過

ヨハネス・ケプラーは，天体の運行に関する自らの数学法則が実際に用いられるのを見ることなくこの世を去った。しかしケプラーの死後間もなく，一人のアマチュア天文家がケプラーの法則を用いて，1639 年に金星が太陽の前を通り過ぎることを示した。

（左）1859 年，金星の太陽面通過を観測するホロックスの姿を描いたステンドグラスがランカシャーの聖ミシェル教会に設置された。この図ではホロックスは紙ではなく布に太陽を映している。

エレミア・ホロックスは，英国・ランカシャーの片田舎の教会で牧師を務めていたが，ケンブリッジ大学時代にコペルニクス，ガリレオ，そしてケプラーが記した書籍に触れ，その考え方に精通していた。当時もっとも正確とされていた金星の軌道表はフィリッペ・ファン・ランスベルゲというドイツ人によってまとめられたものであり，ケプラー自身もこの表を用いて，1639 年に金星が太陽のすぐそばを通ることを予言していた。ホロックスは独自の観測により，ランスベルゲの表に誤りがあることを証明した。1639 年 11 月 24 日，金星は太陽の近くを通り過ぎるのではなく，太陽の前を横切ったのだ。ホロックスは望遠鏡を通った太陽の光を紙に映してこの観測を行った。3 時 15 分，ホロックスは紙に映した太陽に小さな黒い点が現れたことに気づいた。金星の影だ。それは，ケプラーの数学法則が天文学の道具として完ぺきに機能した瞬間であった。

24 土星の環の発見

初期の望遠鏡では，はっきりとした天体の像は得られなかった。手作りのレンズでは異なる色の光は異なる位置で焦点を結んでしまい，天体の像はゆがんでしまう。この「色収差」を抑えることで，天体をより詳しく調べることが可能になった。

ガリレオの天体観測により宇宙のイメージは大きく書き換えられたが，個々の天体の詳細についてはそれほど理解が進んでいなかった。ガリレオは月のスケッチを多く残したが，実際の月の地形と対応をつけるのは難しい。なぜなら，ガリレオの望遠鏡では像が大きくゆがんでしまっていたからだ。それでも，月がなめらかな天体ではなく，地球の表面と同じように起伏に富んでいることを世界で初めて示したという意味では，ガリレオの功績は偉大である。ガリレオは木星には四つの月があることを，そして土星は大きな本体とその両脇に小さな天体を一つずつ従えていることを書き記している。しかし土星についてのこの記述は，現代から見れば，彼の望遠鏡の性能が十分でなかったことによる誤った認識だ。ガリレオが土星を観測してすぐに，この二つの「小天体」は見えなくなり，1616 年に再度出現した。この「小天体」が現在ではよく知られた「土星

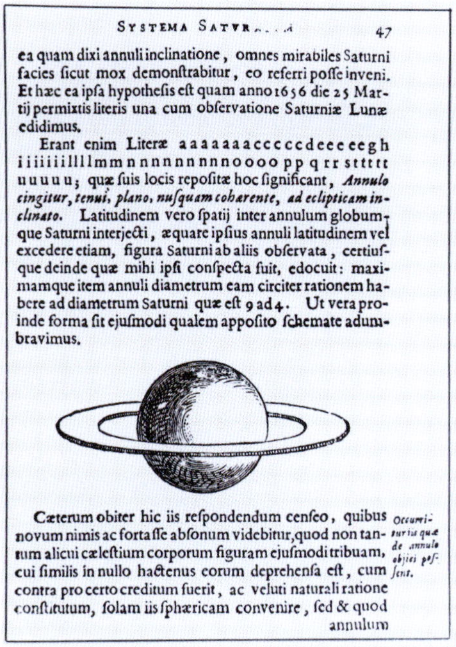

SYSTEMA SATVR…… 47

ea quam dixi annuli inclinatione, omnes mirabiles Saturni facies ſicut mox demonſtrabitur, eo referri poſſe inveni. Et hæc ea ipſa hypotheſis eſt quam anno 1656 die 25 Martij permixtis literis una cum obſervatione Saturniæ Lunæ edidimus.

Erant enim Literæ a a a a a a a c c c c c d e e e e e g h i i i i i i i l l l l m m n n n n n n n n n o o o o p p q r r s t t t t t u u u u u; quæ ſuis locis repoſitæ hoc ſignificant, *Annulo cingitur, tenui, plano, nuſquam cohærente, ad eclipticam inclinato.* Latitudinem vero ſpatij inter annulum globumque Saturni interjecti, æquare ipſius annuli latitudinem vel excedere etiam, figura Saturni ab aliis obſervata, certiuſque deinde quæ mihi ipſi conſpecta fuit, edocuit: maximamque item annuli diametrum eam circiter rationem habere ad diametrum Saturni quæ eſt 9 ad 4. Ut vera proinde forma ſit ejuſmodi qualem appoſito ſchemate adumbravimus.

Cæterum obiter hic iis reſpondendum cenſeo, quibus novum nimis ac fortaſſe abſonum videbitur, quod non tantum alicui cæleſtium corporum figuram ejuſmodi tribuam, cui ſimilis in nullo hactenus eorum deprehenſa eſt, cum contra pro certo creditum fuerit, ac veluti naturali ratione conſtitutum, ſolam iis ſphæricam convenire, ſed & quod annulum

Occurritur iis quæ de annulo objici poſſent.

（左）1659 年，ホイヘンスが記した『土星について』に初めて描かれた土星の環。

の環」であることがわかったのは，望遠鏡技術が進展した 1655 年になってからのことである。土星の環はとても薄いため，真横から見るとまったく見えなくなってしまうのだ。

土星の環を初めて発見したといわれているのは，オランダの偉大な科学者クリスティアーン・ホイヘンスである。（彼はこの発見の直後に振り子時計や内燃機関エンジンを発明している。）ホイヘンスは大きく薄いレンズを使うことで，色収差を抑えた望遠鏡を開発した。レンズは薄ければ薄いほど，ゆがみが小さくなるのだ。ホイヘンスは望遠鏡のレンズの大きな役割は像を拡大することではなく光を多く集めることだと気づき，鏡筒を省いて２枚のレンズを遠くに離した「空中望遠鏡」を開発した。巨大な対物レンズを背の高い棒の上に設置し，観測者は地上近くに設置した接眼レンズで対物像を観測する仕組みになっている。こうした巨大な構造物を安定させることは難しいが，反射望遠鏡が作られるまでこの巨大な望遠鏡によっていくつもの天文学的発見が成し遂げられた。

25 ニュートンの反射望遠鏡

望遠鏡の色収差を取り除くシンプルな方法がある。レンズではなく鏡で光を集めればよいのだ。

ニュートンが製作した最初の望遠鏡は，現代には残っていない。ニュートンは２台目の望遠鏡をロンドンの王立協会に寄贈している。

屈折望遠鏡の発明後すぐに，ガリレオやほかの技術者は曲がった鏡を使って対物像を作れないかと考え始めた。星からやってきた光が曲がった鏡によって反射されて焦点に集まれば，それを接眼レンズで拡大して見ることができると考えたのだ。きれいな像を結ぶ曲面鏡の製作は困難を極めたが，1668 年にアイザック・ニュートンが初めてこれに成功した。ニュートンはスズと銅の合金を磨いて曲面を作り，さらに鏡になるように丹念に磨いた。この鏡を木製の筒の底の部分に置き，筒の開口部近くに置いたもう一枚の小さな鏡に光を導く。この鏡によって星からの光は筒の横にある接眼レンズに導かれる。この発明により，当時弱冠 26 歳のニュートンは科学界で注目を浴びるようになった。ニュートンが万有引力の法則を導くのは，これより数十年も後である。そして，現代でもっとも性能のよい望遠鏡も，ニュートンが発明したような反射望遠鏡である。

26 子午線の決定

大航海時代の到来により，海洋大国は大きく繁栄した。こうした時代背景を得て，天文学は国家の重要事業になっていった。天文学者は正確な時刻を維持し，海を渡る商船に航海術を授けた。そして空を観測する技術の発展により，ヨーロッパと新大陸の正確な地図が作られるようになった。

ここに示された英仏海峡の地図では，グリニッジの子午線とパリ天文台の子午線が三角測量の基線でつながれており，ライバル関係にあった双方の子午線を比較することができる。

地図を作るためには，ある地点までの距離と方角を知るための基準点が必要である。球形をした地球の場合，大円，つまり地球を等分する線がそうした基準の一つになる。赤道は，北極と南極の中間点を結ぶ大円だ。地球のすべての地点には，赤道から北あるいは南に測られる角度，緯度がある。しかし両極を通る大円（子午線）には赤道のような絶対的な基準はないため，誰もがすぐに納得するような東西の角度（＝経度）の基準を決めることはできない。

最初にパリ，そしてロンドン

大航海時代よりも1,500年前，プトレマイオスは大地の西の端を経度0度とすべきだと考えていた。当時知られていた土地は東側に延びていたからだ。1634年，このアイデアを取り入れたフランスの当局は，カナリア諸島最西端の島，エル・イエロ島を経度の基準とした。1667年，経度0度の子午線は新設されたパリ天文台の中央を通る線に改められた。子午線を決めることの利点は，子午線を太陽が通過する時刻がぴった

1494年のトルデシリャス条約により，スペインとポルトガルは基準子午線をカーボベルデ諸島の西370リーグ（1,786キロメートル）に定めた。そしてこの子午線よりも西をスペイン領，東をポルトガル領とした。現在ブラジルとなっている地域はこの子午線より東にあるため，南米のほかの地域がスペイン領となったのに対してここはポルトガル領となった。

（右）グリニッジ王立天文台でフラムスチードはじめ歴代の台長が業務を行った八角形の部屋。屋上には時刻を示す赤い玉が備えられている。この球は毎日午後0時58分に引き上げられ，午後1時に落下するようになっている。ロンドン市民やテムズ川の岸から出帆しようとする船に正確な時刻を知らせるための仕組みだった。

り正午となることである。（英語で午前を表す a.m. は ante meridian（子午線通過前），午後を表す p.m. は post meridian（子午線通過後）という意味である。）もちろん，これは地球が自転していることによるものだ。もし地球が 360 度自転するのにきっかり 24 時間かかるとするならば，1 度回るのに必要な時間は 4 分となる。1670 年，ジャン・ピカールは経度 1 度の距離が 110.46 キロメートルであると求めた。

同時期に英国でも天文学研究機関の必要性が認められ，1676 年にロンドン市街の東の丘，グリニッジに王立天文台が開設された。この天文台は王立天文台長によって運営され，初代天文台長にはジョン・フラムスチードが選ばれた。フラムスチードやのちの天文台長はこの天文台を通る子午線をいくつも定めたが，今日（こんにち）使われているグリニッジ子午線が正確に決められたのは 1851 年になってからであった。

27 光の速度

科学者は昔から光の速度を測定しようと試行錯誤してきた。しかし，初期の実験では光の猛烈な速度の前に測定はまったく不可能であった。光速の測定には天文学的な方法が必要だったのだ。

ガリレオは，遠く離れた二人の観察者が持つランタンの光を使って光の速度を測ろうとした。実験は失敗に終わったが，ガリレオは光の速度は有限であると考えた。いっぽうヨハネス・ケプラーは光速は無限であると考え，光は無限の空間に一瞬にして満ちると考えていた。こうした謎に答えを与えたのは，ガリレオが発見した木星の衛星たちだった。1676 年，パリ天文台のオーレ・レーマーは木星の衛星イオの観測結果とケプラーの法則から導かれる軌道運動を比較した。木星を回るイオは定期的に木星の向こう側に隠れ，そしてまた姿を現す。レーマーはその出現の正確な時刻を計算で求めたが，実際にイオが現れたのは計算よりも 10 分遅い時間だった。レーマーは，これはイオからの光が地球に届くまでに必要な時間であると考えた。この時間差は，地球が太陽のまわりを回って木星から遠ざかるにつれて少しずつ伸びていった。この観察結果から，レーマーは光の速度が秒速 22 万キロメートルであると計算した。これは実際の値よりも 25 パーセントほど小さいものだった。

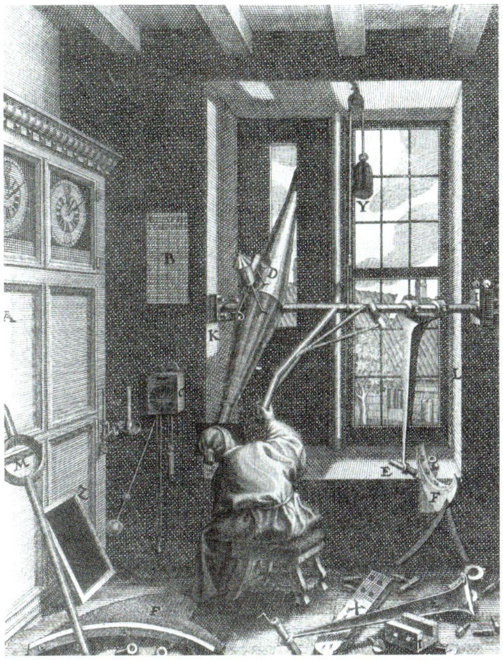

（左）パリ天文台でさまざまな装置に囲まれながら望遠鏡で観測を行うオーレ・レーマー。

28 万有引力の法則

アリストテレスによれば，大きく重いものは小さいものよりも速く落下する。しかし17世紀初頭，ガリレオはすべての物体は同じ速度で落下することを実験により示した。この頃ケプラーは，天体がなぜ決まった軌道を取り続けるのかについて考えを巡らせていた。それは磁石の力だろうか？　アイザック・ニュートンは，これらはすべて「重力」という一つの普遍的な法則によって説明できると考えた。

ガリレオは，落体の実験により物体が落下する距離は落下時間の2乗に比例することを示した。物体が2秒かけて落ちる距離は，物体が1秒で落ちる距離の4倍になるのだ。ガリレオはまた，物体の落下速度は落下時間に比例することを示し，上向きに投げ上げられた物体は放物線に沿って運動することを導きだした。放物線は，ケプラーが導きだした惑星の軌道である楕円（だえん）と同様に円錐曲線の仲間である。では，これらはどんな関係にあるのだろうか。

英国でペストが大流行しケンブリッジ大学が閉鎖された1660年代中頃，ニュートンは家族が経営する農園に帰っていた。彼はこのときここで重力の法則を定式化したが，広く世に発表したのはそれから20年も後のことだった。（リンゴが木から落ちるのを見て重力の法則を思いついたという逸話は，80歳を超えたニュートンが家族に対して話したものとされる。）ニュートンは，この宇宙のすべてのものは重力によって他のものを引きつけると考えた。そしてこの重力こそが，星や惑星，すべての物体の運動を支配しているのだ。

ニュートンは，月が地球から発射された物体と同様に考えられることを示した。地球から発射された物体は地球の重力によって曲がった軌道を取る。しかし地球の表面も曲がっているため，物体が十分な速さで発射されたとすれば，地球の表面に沿って地球を回るはずである。つまり，地球に向かって「落ち続ける」のだ。もし物体の速度が速くなれば，その物体が取る軌道は楕円になる。

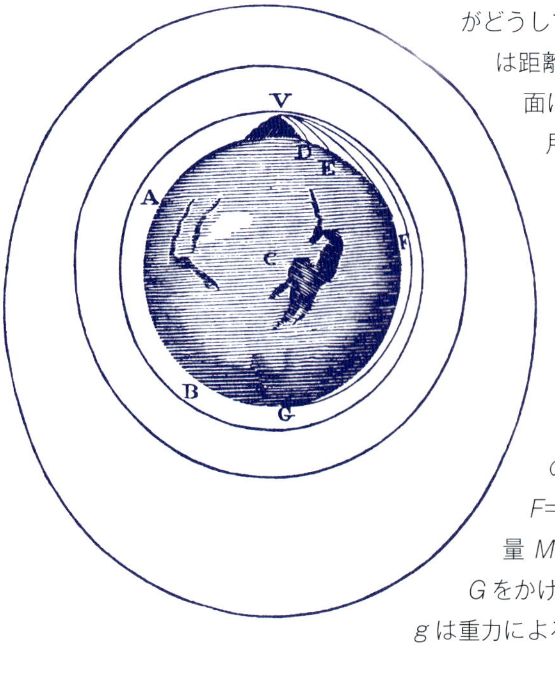

逆2乗の法則

ニュートンは，地球の重力による月の加速度を計算し，身のまわりのものに及ぼす加速度よりも数千倍も小さいことを見いだした。同じ重力の影響がどうしてこんなに違うのだろうか？　ニュートンは，重力は距離が離れれば離れるほど弱まると考えた。地球の表面にある物体は，月よりも60倍も地球の中心に近い。月は，地表のリンゴにかかる$(\frac{1}{60})^2$，つまり$\frac{1}{3,600}$の重力しかはたらかないのだ。二つの物体が及ぼす重力の大きさは，その物体がリンゴと地球であろうと，地球と月であろうと，また太陽と彗星（すいせい）であろうと，物体のあいだの距離の2乗に反比例する。距離が2倍になれば重力は$\frac{1}{4}$に，距離が3倍になれば重力は$\frac{1}{9}$に弱まる。また重力の大きさは物体の質量にも依存する。質量が大きいものほど，重力は強いのだ。これを数式で表すと，$F=G\frac{Mm}{r^2}$となる。重力の大きさは，二つの物体の質量Mとmの積を距離rの2乗で割ったものに重力定数Gをかけて得られる。この重力定数（大文字のG。小文字のgは重力による加速度を表す）によって，この宇宙に存在する二つの物体のあいだにかかる重力が決まっている。1789 年，この重力定数を用いて地球の質量が 6×10^{24} キログラムと求められた。ニュートンの法則は二つの物体のあいだにはたらく力とその動きを予測するのによく用いられている。しかし三つの物体が重力を及ぼし合いながら動くようすはずっとずっと複雑な形式になり，これをきっかけに数学的な「カオス」という考え方が 300 年後に生まれた。

29 ハレー彗星

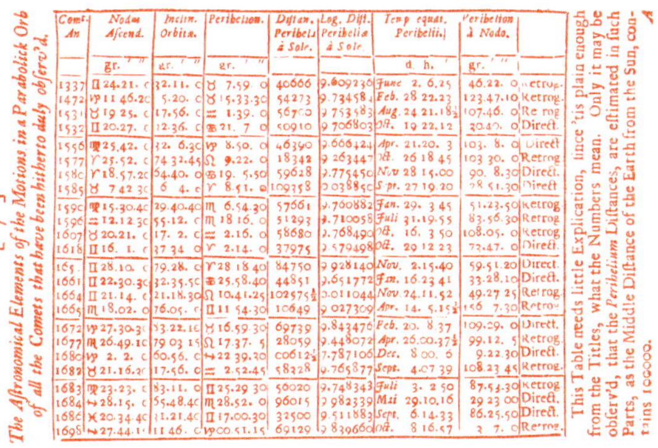

エドモンド・ハレーの『彗星天文学概論』（1705 年）に掲載された彗星の軌道データ。彗星は非常に細長い軌道で太陽を巡る。

ギリシアの「長い髪をなびかせる星」という意味の言葉から名づけられた comet（彗星（すいせい））は，夜空にごくまれに現れるなんとも不思議な天体だ。1705 年，ある英国の天文学者がニュートンの重力の法則を用いて彼の名（とその名がついた彗星）を一躍世間に知らしめた。

今のような街明かりのない有史以前の世界では，彗星は夜空ではとても目立つ存在であっただろう。アリストテレスは気象についての本で彗星を取りあげている。アリストテレスは，彗星は天体ではなく大気中の現象だと考えていたのだ。この考えは，コペルニクスによる地動説の提唱の後も受け継がれていた。月よりはるかに遠くを彗星が通り過ぎるようすをティコ・ブラーエが明らかにした後も，ケプラーやガリレオは彗星が惑星と同じ法則に支配された天体であることを受け入れようとしなかった。

しかし，英国の天文学者エドモンド・ハレーは，彗星はほかの惑星と同じような天体だと考えていた。1300 年代以降の彗星とその軌道を調べあげて表を作ったハレーは，1531 年，1607 年，1682 年に現れた三つの彗星が同じ軌道をもつことに気づいた。彼はニュートンの運動の法則と重力の法則を用いて，これらが太陽のまわりを 76 年周期で回る一つの天体であることを示した。はたしてこの彗星は予想通り 1758 年に回帰し，ハレー彗星と呼ばれるようになった。

不運の象徴としての彗星

彗星は黄道から離れた場所に現れることが多いためか，彗星の出現はしばしば大規模な騒乱の前兆と考えられてきた。彗星の出現はよく記録に残されており，たとえば 1066 年のハレー彗星の回帰はバイユー・タペストリー（下図）に描かれている。「男性たちが星を不思議そうに見つめている」という文字とともに記されたこの天体イベントは，ノルマン人による英国侵略の予兆と考えられていた。その直前にはバイキングが英国に攻め込んできており，この年は英国にとっては大きな災難の年だった。

30 地球の形

地球の形についての論文の中で，アリストテレスは物体が中心に向かってつぶれ，最終的に球形になると説いた。18世紀までに，天文学者たちは遠心力によって地球がいびつに膨らんでいるということを理解していた。しかしどの方向に膨らんでいるのだろう？

クリスティアーン・ホイヘンスは，地球はオレンジのように極方向にややつぶれた形——数学用語でいうところの扁球（へんきゅう）——をしていると考えた。アイザック・ニュートンによる重力の計算はこの考えを支持するものであった。いっぽうルネ・デカルトは，レモンのように縦長の形だと考えていた。パリ天文台長のジャック・カッシーニ（このときには有名な父，ジョヴァンニの後を継いでいた）による測定では，フランスから北に行くにつれて緯度1度分に相当する距離が長くなっていくように見えており，これはデカルトの考えを支持するものとなった。

地球の形を正確に求めることは，科学的な興味だけではなく，より正確に地図上の緯度・経度の線を引くという点においても重要であった。このためには，極まわりと赤道まわりの地球の円周を正確に測定する必要があった。これらはまったく同じではないはずだったが，どちらが長いにしても，その長さから角度1度に相当する平均距離を求めることができる。

1736年，氷点下の気温のなかラップランドで測定を行うフランスの測量隊。その約60年後，北極からパリを通って赤道にいたる子午線の長さを1,000万メートルとする新たな距離の単位が作られた。

測地ミッション

そうして，地球の形を求める新しい科学の分野，測地学の確立が急務となった。この試みに挑むために，フランスのルイ 15 世は 2 班の測量隊を送り出した。一つ目のチームのミッションは，赤道上で子午線の弧の長さを測定することだった。1735 年，エクアドル（スペイン語で赤道）のキトを出発した調査隊は 4 年かけて測量を行い，フランスに戻った。のちに温度目盛りに名を残すことになるアンデルス・セルシウスを含むもう一つの班は北極にほど近いラップランドに派遣され，赤道に派遣されたチームと同様に子午線の弧の長さを測定した。二つのチームの測量結果は，ニュートンとホイヘンスが正しいことを示していた。わたしたちは扁平な球の上に住んでいたのである。

31 南天の地図

天の赤道より南側の星空を調べたのはニコラ＝ルイ・ド・ラカイユが初めてではなかった。だが，ラカイユの業績は長く語り継がれている。

測地学的な研究によって北半球の形は知られるようになったが，では南半球はどうだろうか？ 1750 年代初頭，南アフリカに向かったフランス人，ルイ・ド・ラカイユの目的は南半球で子午線の弧の長さを測定することであった。ラカイユの測定によれば，地球は卵のとがった場所を南に向けたような形ということであったが，のちにこれはまちがいだとされている。ラカイユはむしろ，南半球で 14 個の星座を新たに設定したことでよく知られている。これほど多くの星座を作った人物は後にも先にもいないのだ。徹底した啓蒙主義者だったラカイユは，神話の登場人物ではなく美術や科学で使われる道具を星座にした。望遠鏡，時計，イーゼル，彫刻刀のほか，ドニ・パパンによって発明されロバート・ボイルが改良した，気体の研究に用いられる空気ポンプも星座にしている。当時は，ボイルの実験により地球上の，そして宇宙の物質の性質が明らかにされつつあった時代でもあった。

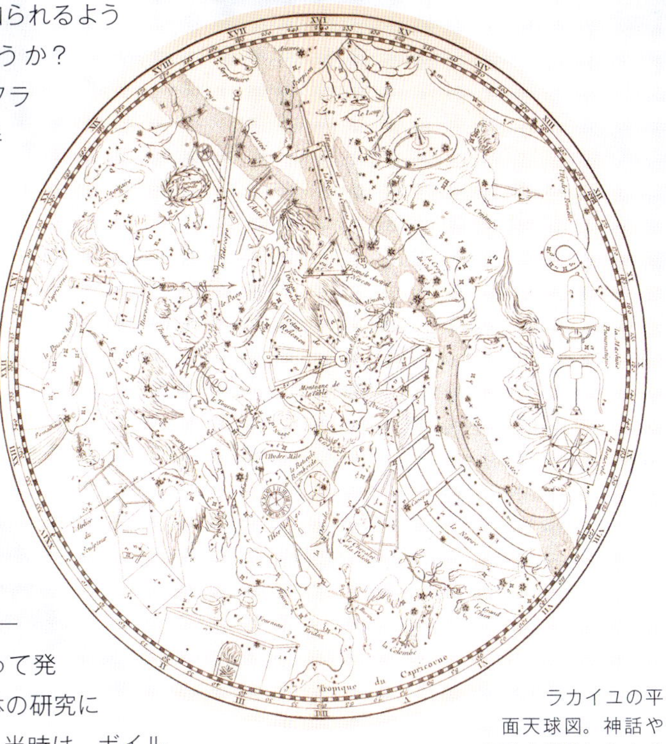

ラカイユの平面天球図。神話や怪物を題材にした北天の星座とは異なり，多くの近代的な道具が描かれている。

32 天文航法

星を頼りに航海を行うことは，科学の誕生よりも前から行われていた。古代の船乗りは，どの星座がどの方角を指すのかを経験的に知っていたのだ。しかし昼夜を問わず陸地であっても海上であっても望む方角を得るには，科学技術の力が必要であった。

棒とコンパスを用いて天体の位置を測定する，17世紀の探検家。こうした繊細な装置は，陸上でのみ使うことができた。

古代の海上航行では，多少の危険がともなっても，海岸線に沿って航海するか地中海のような狭い海を行き来するのが常識だった。長期にわたる航海は海が穏やかな季節にだけ行われ，船長は日の出や日の入りの方角や特定の星座を手がかりにして目的地へと船を進めた。こうした航法で問題なく航海できるときもあれば，そうでないときもあった。たとえ現在地を見失ったとしても海岸線沿いに進めばいつかは目的地にたどり着けることから，船が陸地から遠く離れることはほとんどなかった。

しかし，遠くに行こうとした勇敢な船乗りはもちろんいた。ポリネシアの人々は縄でつないだ木の枝を使って海流を読み，たくさんの島々を行き来していた。こうしてポリネシア文化は太平洋の広い範囲に広まっていった。もちろんこうした航海には危険が多く，多くの行方不明者が出たことだろう。

科学技術による前進

1418年，ポルトガルのエンリケ王子は航海術の学校を設立した。ヨーロッパの西の端に位置するポルトガルにとって，大西洋は新天地への玄関だった。造船技術と航海技術の向上に非常に熱心に取り組んだエンリケ王子は，現代でも「航海王子」として知られている。方位磁針はこの200年ほど前から使われていたが，航海に必要な距離の情報を得ることはできなかった。

アリストテレスからエラトステネスにいたるまで，古代の天文学者たちは南北に長く旅したときに星の高度がどのように変わるかをよく知っていた。こうした知識は，もしかしたらアレキサンドリアからエーゲ海の町に航海をしていた船乗りたちが残した，北極星の高さの変化の記録に基づいていたのかもしれない。実際の航海に必要なのは，こうした星の高度の変化を実際の地球の緯度と結びつけることだ。もともとは占星術のために蓄積されていた天体の情報は，イスラム世界の航海者たちによって航海暦にまとめられた。そこには，1年を通しての恒星や惑星の位置が記されていた。

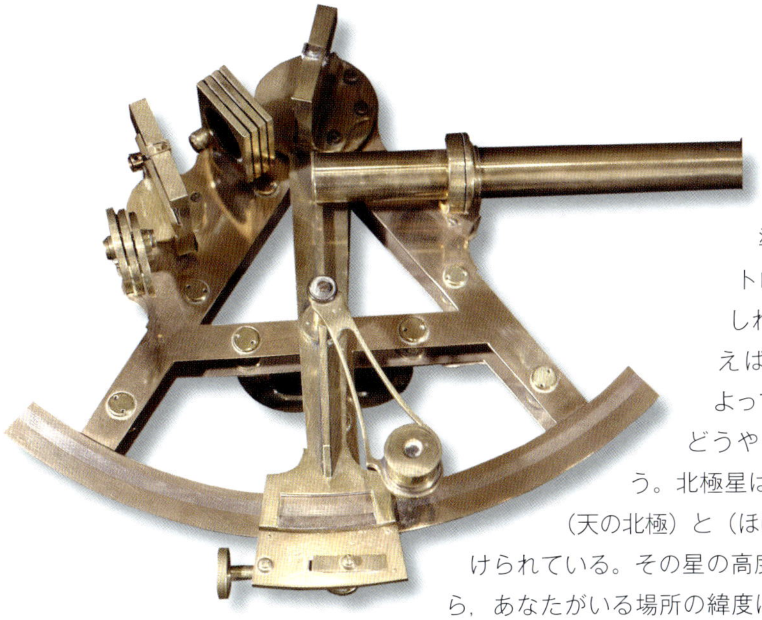

六分儀が最初に作られたのは1757年，英国の技術者ジョン・バードの手によるものだった。その名は，道具に円周の6分の1（60度）分の円弧がついていることによる。六分儀は，1740年代に発明された八分儀（円周の8分の1の円弧をもつ）という道具をさらに洗練させたものである。（アイザック・ニュートンは1699年に同様の道具を発明したとされているが，当時は誰にもこのことを知らせていなかった。）

正しい角度を測る

天体観測に用いられた十字棒やアストロラーベは，航海の道具として用いられるようになった。ポルトガルの学生なら，照準器に目盛環のついた航海用アストロラーベを学校で使っていたかもしれない。この装置は，天体，たとえば北極星を照準に入れることによって角度を知ることができる。ではどうやって？　極端な例を考えてみよう。北極星は，その位置が地球の北極の真上（天の北極）と（ほぼ）一致することからその名がつけられている。その星の高度が90度，つまり真上にあるなら，あなたがいる場所の緯度は北緯90度，つまり北極点だ。

また高度が0度，つまり地平線からちょうど隠れる場所にあるならば，あなたがいる場所は緯度0度，赤道上だ。昼間にも見える唯一の星，太陽の場合はもっと事情が複雑になるが，15世紀までに天文学者たちはある日に太陽がどの高度に見えたらその場所の緯度は何度になるのかを一覧表にした航海暦を作りあげていた。

円周の6分の1

角度を求める際，その正確さは非常に重要だ。というのも，数度の誤差が何百キロメートルものずれにつながってしまうからだ。円形のアストロラーベは，天体の角度を測るためにまずは水平線に基準を合わせてから天体に向ける必要があった。揺れる船の上で大きな装置を持ってこれを正確に行うことは至難の業である。より扱いやすい小さな道具が作られるようになり，最終的には六分儀がよく使われるようになった。六分儀では鏡を用いて対象の天体と水平線を一度に見ることができるので，天体の高度を正確に測れるようになったのだ。航海暦には太陽の最大高度が記載されていたから，太陽高度の測定は正午に行う必要があった。正午を決めることは経度を測定することにつながるから，これで緯度と経度がわかるのだ。

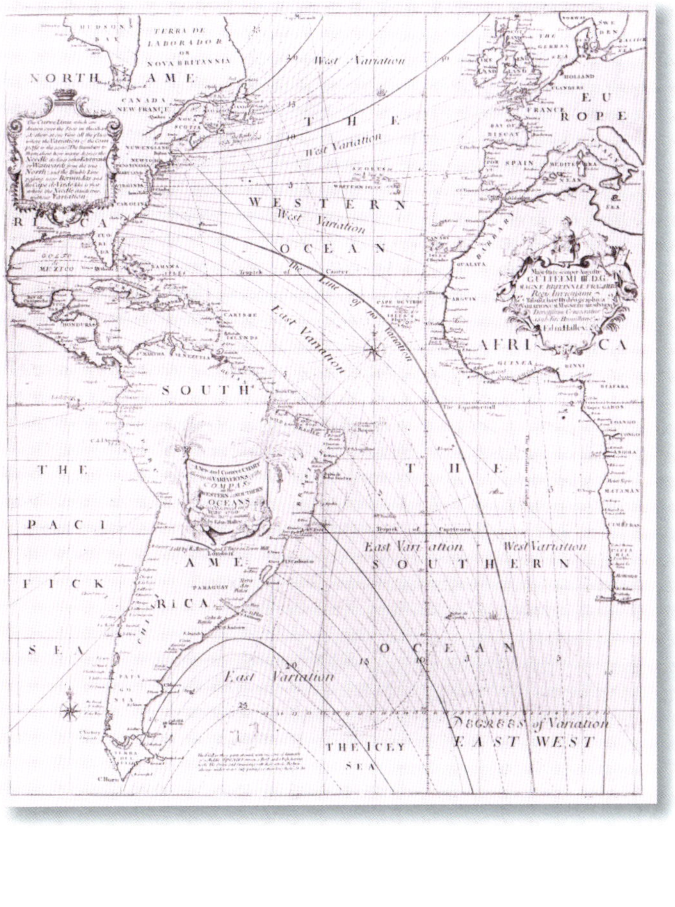

エドモンド・ハレーは，1690年代に大西洋を航海した際に地図を製作した。図中の直線は等方位角線である。地球上の位置によって，方位磁針の指す方向と地図上での北の方向にずれが生じるため，航海士はこれを補正することで現在地を特定することができる。

33 経　度

天文航法は，空を観測することによって南北の位置を特定する方法だった。しかし東西方向の位置を決めるのはもう少し複雑だ。18世紀，英国政府は経度を求めるという重要な課題に対して，ばく大な報奨金を設定した。

ジョン・ハリソンのクロノメーターは，振り子の代わりにぜんまいを使ったものだった。この写真にあるH5は，彼が最後に作ったクロノメーターである。経度問題に関する報奨金を得るために，ハリソンは1772年にこのH5を国王ジョージ3世に送り，これがどれだけ正確かを示そうとした。翌年，ハリソンは当時の8,750ポンド（現在の価値で1.3億円）を手にした。

地球は西から東に回転しており，24時間で一周する。この回転によって，太陽や星たちは毎日空の上を動いていくように見えるのだ。ある場所の緯度を求めるために，航海士たちは天体の最大高度を測定した。もっともよく使われたのは太陽である。太陽は，午前中は高度を増していき，午後には高度を下げていく。正午の太陽高度は，同じ緯度であれば米国のコッド岬であろうが内モンゴルであろうが同じである。しかしその時間は場所によって異なる。コッド岬が正午のとき，内モンゴルではすでに暗くなっているはずだ。

異なる場所の時刻を決める

天文学者たちは，地球が1時間に15度回転することを知っていた。つまり15度西に位置するところには，正午が1時間遅くやってくるのである。逆に1時間早ければ，15度東に位置することになる。では，これを使って経度を決めることはできるだろうか？　それには，現地の正午の時刻と，パリかグリニッジの子午線における時間を比べればよい。問題は，当時の時計製作技術はこうした用途には未熟だったことだ。現代でたとえるなら，スーパーコンピューターをロケットに載せるようなものだ。当時の時計は高価で壊れやすく，長旅のあいだに時刻がずれてしまうのだ。

推測から正確な測定へ

当時，航海士たちはまったく不正確な方法で経度を推測していた。彼らは等間隔に

狂気の航海

「放蕩（ほうとう）一代記（Rake's progress）」は，英国の風刺作家ウィリアム・ホガースが1730年代に製作した8点の油彩画と版画である。その主題は，ばく大な遺産を手にした若い男が浪費の限りをつくす物語だ。8枚の絵の中で，ホガースは18世紀社会への風刺を織り交ぜている。締めくくりの1枚の絵は，主人公の男が精神病院にいる場面である。男の後ろには多くの患者が精神障害に苦しんでおり，二人のこぎれいな服を着た女性が物見遊山に訪れている。そしてこの絵の中央に描かれた二人の男は，経度を求める問題に取り組んでいる。一人は空を眺めて答えを探しており，もう一人は地図について熟考している。つまり，経度問題に首を突っ込むと頭がおかしくなる，とホガースはいいたかったのだろう。

結び目（ノット）を作ったロープを船から海面にたらし，30 秒間で結び目何個分進んだかをもとにして速度を測った。この結び目は 14 メートルごとに作られており，これをもとにして作られた速度の単位 1 ノットは時速 1 海里（時速 1.85 キロメートル）に等しい。1 海里とは，子午線上の 1 分角である。つまり，（非常にゆっくりだが）速度 1 ノットで進めば，60 時間ごとに 1 度進むことになる。

しかしこうした推定は，しばしば悲劇を生んだ。誤った位置推定がもとで死者 1,400 名の大惨事となった 1707 年の沈没事故を受けて，英国経度委員会（British Board of Longitude）は正確な位置測定の方法を考えるという問題に報奨金を設定した。委員会のメンバーには天文学者が多く含まれており，天体観測がその答えを与えてくれると彼らは信じていた。根幹となる方法は，月とほかの天体の角距離を測ることによるものだった。この方法を使えばたしかに正確に位置を測定することができたが，結局は技術の進展によってこの問題は解決された。時計職人のジョン・ハリソンが，実際の航海での使用に耐える画期的な航海用時計クロノメーターを作ったのだ。そして彼はこの発明が十分に報奨金を得られるものであることを，30 年かけて経度委員会に納得させた。1773 年，最晩年にようやくハリソンは報奨金を受け取ったが，彼のつくった時計はきわめて高価なもののように思われたので，公式には賞は与えられなかった。

34 地球の年齢

フランスの貴族ビュフォン伯は，紀元前 4004 年に作られたと信じられていた地球の歴史に，初めて科学的な手法でメスを入れた。

ジョルジュ＝ルイ・ルクレール・ド・ビュフォン伯は天文学者というよりは博物学者だったが，自然史を研究するうちに地球と太陽系の起源について考えるようになった。彼はまた洗練された数学者でもあり，紀元前 4004 年に地球が作られたとされる聖書の記述を信じることはなかった。彼は，彗星（すいせい）が太陽に衝突することで地球が作られたと考え，地球はそのときから冷え続けているとしていた。たしかに，地面の下はまだ熱いままだなのだ。ビュフォン伯はまた，地球磁場の存在から，地球の大部分は鉄でできていると考えた。このため，鉄の冷え方から地球の年齢がわかるだろうと推測した。ビュフォン伯は小さな鉄球を白く輝くまで熱し，冷えるまでの時間を測った。そしてこれをもとに，地球サイズの鉄の玉が冷えるまでの時間を計算した。彼が得た答えは 75,000 年であった。これは現在から見ればもちろんまちがった値ではあるが，それまで考えられていたよりも地球はずっと古いことを示すヒントになった。

（右）ビュフォン伯はフランスの王立植物園で所長を務めていた。彼の業績は天文学と同様に生物学にも大きな影響を与え，チャールズ・ダーウィンの進化論につながることとなった。

より大きく，より遠くへ

35 新しい惑星

天王星（当時は「ジョージの星」と呼ばれていた）と二つの衛星タイタニア，オベロンが描かれたメモを持つウィリアム・ハーシェルの肖像。ハーシェルはこれらの衛星を1787年に発見した。1850年代，ウィリアム・ハーシェルの息子ジョンが二つの衛星にシェークスピアの作品の登場人物の名をつけた。現在でも，天王星の衛星にはシェークスピア作品に登場する人物の名がつけられている。

地球を除く五つの惑星は，古代から知られていた。特定の発見者はおらず，これらの惑星はただ空に見えていたのだ。1781年，七つ目の惑星が見つかった。発見者の名はウィリアム・ハーシェルである。

ドイツからの移民であったウィリアム・ハーシェルは，太陽系第7惑星を見つけたときには一人のアマチュア天文家にすぎなかった。彼は，英国西部の町バースのオーケストラの指揮を職業としていた。そして仕事が終わった後の夜，彼は自宅に手作りした（しかし高性能な）反射望遠鏡で夜空を調べていた。彼は，自らが指揮する楽団のソリストでもあった妹，カロラインとともにこの趣味を続けていた。

夜空を動き回る円盤

1781年3月13日，ふたご座の方向に望遠鏡を向けたハーシェルは，はっきりと円盤状の形をしている天体を見つけた。普通の星は，どんなに明るいものであっても点にしか見えないから，ハーシェルは最初この天体が彗星（すいせい）だと考え，その動きを数カ月にわたって追跡した。このときまでに，王立天文台長ネヴィル・マスケリンをはじめとする他の天文学者たちもこの天体に気づいていた。ハーシェルは，移り住んだ英国の国王の名を取って，この星をジョージの星と呼んだ。（のちの調査によれば，この天体を本当に初めて発見したのは初代王立天文台長ジョン・フラムスチードであったようだ。ハーシェルの90年前にこの天体を見つけていたが，フラムスチードは単なる星と考えていた。）

その後の観測により，ハーシェルが見つけた天体は七つ目の惑星であることがわかった。国王の名をつけるという「おべっか」が功を奏し，ハーシェルは国王つきの天文学者となり，カロラインとともに国王のいるウィンザー城の近くに居を移した。

ハーシェルの40フィート（12メートル）望遠鏡。1840年まで世界最大の口径を誇った。

偉大な40フィート望遠鏡

1780年代の終わり，国王ジョージ3世は当時もっとも有名な天文学者となっていたウィリアム・ハーシェルに，ウィンザー城近くに世界最大の望遠鏡を建造するように依頼した。焦点距離は40フィートであり，その望遠鏡は「偉大な40フィート望遠鏡（the Great Forty-Feet Telescope）」として知られるようになった。望遠鏡には1枚の鏡しかなく，鏡筒内の観察台に焦点を結ぶように作られていた。

この親にしてこの子あり

第7惑星はドイツ人ヨハン・ボーデによって天王星（ウラヌス）（Uranus）と名づけられた。ジュピター（Jupiter）（木星）の父がサターン（Saturn）（土星）であったから，その土星の外側にある第7惑星はサターンの父ウラヌスがふさわしいと考えたのだ。ボーデはまた，天王星の軌道が現在「ティティウス-ボーデの法則」と呼ばれる法則に一致していることに気づいた。この法則は，0,3,6,12……という数列を惑星に順にあてはめ，その数字に4を足して10で割った値が，太陽からその惑星までの距離を（太陽と地球の距離を1とした場合に）ほぼ正確に表しているというものだ。このため，さらに外側にある八つ目の惑星もこの法則に基づいて探されることとなった。

36 メシエ天体

シャルル・メシエは彗星(すいせい)捜索者だったが，彗星ではなく星でもない天体のカタログによって現在までその名を残している。

メシエは天王星を見て，がっかりしていたのかもしれない。なぜなら彼はいく晩も彗星捜索に費やしていたからだ。メシエは，彗星のように見える天体（星とは違ってぼんやりした姿をしている天体）を見つけて追跡観測をし，けっきょく彗星ではないことに気づくということを繰り返した。これにうんざりした彼は，こうした紛らわしい天体をカタログにまとめることを決意した。1781 年，メシエは後世の彗星捜索者たちが自身のように無為な時間を過ごさないために，このカタログを出版した。最初の版では 45 天体が掲載されていた。カタログの 1 番目，“M1” は かに星雲であった。このカタログはのちにメシエカタログと呼ばれるようになり，最終的には星雲から銀河，星団まで 110 の天体が掲載された。

メシエの意図とは逆に，メシエ天体は現在の多くの天文家たちに親しまれ，楽しまれている。もちろん，メシエの望遠鏡よりも現代の望遠鏡のほうがずっと性能がいいからだ。

37 標準光源

明るくても非常に遠くにある星は，近くにある星よりも暗く見える。このため，星々の距離を測るのは難しいと考えられていた。とある十代の天文家が，宇宙を測る「ものさし」を見つけるまでは。

ジョン・グッドリックは明るさを変える星「変光星」の研究を行っていた。1784 年，弱冠 19 歳のときに彼はケフェウス座に変光星ケフェウス座デルタ星（Delta Cephei）を発見した。（寒いヨークシャーで天体観測を趣味としていたグッドリックは，そのせいで 1786 年に肺炎を患って亡くなった。）

時代は下って 1912 年，ハーバード大学の天文学者ヘンリエッタ・リービットは，ケフェウス座デルタ星（と，同様の変光をする星たち：セファイド型（cepheid）変光星）の平均光度と変光周期（明るくなってから暗くなるまでの期間）にある対応関係を見いだした。それによると変光周期が同じ二つのセファイド型変光星は同じ明るさをもつから，見た目の明るさが違う場合は，それは二つの星の距離の違いによるものということになる。これが，宇宙の地図を作るときに使われる「標準光源」となったのだ。

ジョン・グッドリックは 1783 年にペルセウス座の変光星アルゴルの観測を繰り返し行った。アルゴルはケフェウス座デルタ星とは異なるタイプの変光星で，3 日間だけ暗くなってまた元の明るさに戻る星である。グッドリックは，アルゴルは連星を成しており，暗いが大きい星が小さく明るい星の前を通り過ぎることでこの変光が起きると考えた。この業績により，グッドリックは王立協会でもっとも栄誉あるコプリ・メダルを授与された。

38 行方不明になった小惑星

天王星の発見以降，天文学者は競うように次の惑星探しを行った。惑星が存在するであろう黄道をいくつにも分割し，それぞれに担当の天文学者を割り当ててしらみつぶしに空を調べるという計画ももち上がった。

ジュゼッペ・ピアッツィは，天体の位置を詳しく調べることで，のちにセレスと呼ばれる小惑星（現在は準惑星）を発見した。セレスは，彼が観測したなかで唯一位置を変えていく天体であった。

すべての学者が，次の惑星が必ず見つかると信じていたわけではなかった。哲学者ゲオルク・ヘーゲルは，人間の頭にあいた穴が七つであることから，惑星は七つしかないという主張を繰り広げていた。しかし，これに耳を貸す人はほとんどいなかった。1800 年，ハンガリーの男爵フランツ・フォン・ツァハは，24 人の天文学者を組織して掃天観測を行った。

そのうちの一人は，シチリアの天文学者ジュゼッペ・ピアッツィであった。フォン・ツァハからの指示を待っているあいだに，ピアッツィは火星と木星のあいだを惑星のように動いていく暗い天体を発見した。ほかの天文学者たちがこの発見に飛びつかないように，ピアッツィは発表の前に確認観測を行おうと考えていた。しかし彼は体調を崩してしまい，彼が発見した「惑星」は太陽の向こう側へと移動してしまった。

惑星探偵団

その後大がかりな観測が始まり，フォン・ツァハはドイツ人の天才数学者カール・フリードリヒ・ガウスの手を借りることにした。ガウスはのちにもっとも偉大な数学者として歴史にその名が刻まれる人物である。当時 23 歳のガウスは期待どおりのはたらきをした。3 カ月かけてガウスは行方不明になった「惑星」の軌道を計算し，フォン・ツァハに提示した。そして 1801 年 12 月 31 日に，その天体は再発見された。

ピアッツィは，ローマの農業の神の名を取ってこの天体にセレスと名づけた。しかし，セレスは惑星のような動きをするが，見た目は惑星とは異なっていた。セレスは惑星にしては暗すぎたのだ。フォン・ツァハのチームは，1802 年にパラス，1804 年にジュノー，1807 年にヴェスタと，立て続けにセレスに似た天体を発見した。ウィリアム・ハーシェルがこれらの天体を小惑星と名づけた。19 世紀のうちにこうした天体は数百個も発見され，太陽のまわりを帯のように取り巻いていることがわかった。

カール・フリードリヒ・ガウスは，その数学的才能で有名だが，ゲッティンゲン大学の天文学講座の教授および天文台長を務めていた。この挿絵に描かれているのは望遠鏡ではなく太陽儀であり，複雑な表面に関する数学的研究の一環として地球の正確な形状を測定するためにガウスが使っていたものである。

39 フラウンホーファー線

アイザック・ニュートンが「スペクトル」という単語を初めて用い，太陽光が7色に分かれることを提唱したのは17世紀のことだった。時は下って19世紀のはじめ，星の光を詳しく観察することにより，星が地球上の物体と同じ物質でできていることが初めて科学的に証明された。

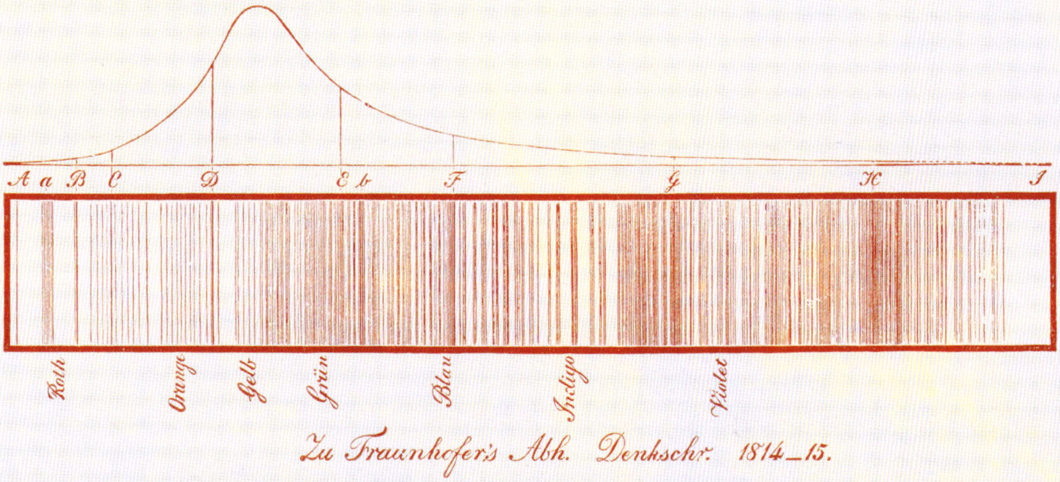

フラウンホーファーが手書きで残した太陽光のスペクトル。570本の暗線が記録されている。

彼以前にも試した人がいたようだが，ニュートンはプリズムを使って白色光を7色の虹に分けてみせた。ガラスのプリズムに光が入るときと出るときにその方向が変わるので，全体として光は屈折する。異なる色の光は異なる角度で屈折するから，暗い部屋に導かれた太陽光（白色光）をプリズムに通すと，さまざまな色が連続的に現れるのだ。

それから100年以上経って，プリズムと望遠鏡を組み合わせて分光器が作られるようになった。1814年，最初に分光器を作ったのはドイツの光学研究者ヨーゼフ・フォン・フラウンホーファーだった。彼が使ったレンズはきわめて品質が高く，結果に悪影響を与えるような色収差を十分に補正できるものだった。

抜け落ちた色

フラウンホーファーは，彼が作った分光器を太陽に向け，その光をプリズムに通して観察しようとした。しかしニュートンのときとは違い，彼の分光器には接眼レンズがついていたため，虹を拡大して詳しく観察することができた。そして彼は，虹の中に数百本の暗い線が入っていることを発見した。それはまるで，暗い線に対応する色が抜け落ちているようであった。

のちにロベルト・ブンゼンやグスタフ・キルヒホッフが，フラウンホーファーが見つけた暗線の意味を明らかにした。さらにその45年後，これらの暗線は恒星の光の中にも見つかった。ブンセンとキルヒホッフは，物体が発したり吸収したりする光のスペクトルからその物体の組成を求めることができることを発見した。太陽光に含まれる暗線は，ナトリウムのような特定の元素に起因するものであり，こうした物質が太陽大気に含まれることを示すものでもあった。こうした原子は特定の色の光を吸収するため，フラウンホーファーが見つけたような暗線が作られるのだ。

40 コリオリ効果

蒸気船が発明される数十年前であっても，ヨーロッパの貿易大国は決まった方向に吹く風を利用して交易をさかんに行っていた。こうした風は地球上を曲がっていくが，船乗りたちはなぜ風がまっすぐに吹かないのかを不思議に思っていた。その理由が明らかにされたのは，1835年のことだった。

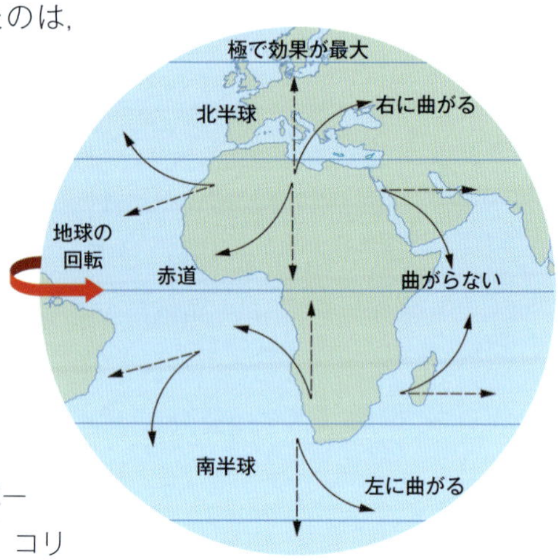

地球上を動く物体は，北半球では右回りに，南半球では左回りに曲がっていく。曲がりの大きさは緯度によって異なる。

1651年，ジョバンニ・バッチスタ・リッチョーリは地球はまったく動いていないという説を唱えた。もし地球が動いていくなら，大砲の砲弾は地球の回転によって軌道がずれるだろうと考えたのだ。17世紀の砲術はこのずれを見極められるほど洗練されていなかったが，1830年代には砲術も物理学も進展してこれが検出できるようになっていた。この効果は，フランスの数学者ギュスターヴ＝ガスパール・コリオリの名を取ってコリオリ効果と呼ばれる。コリオリ効果は，地球のように回転する物体の表面でのみ生じる。回転する物体の表面は動いているため，その表面上をまっすぐに進もうとする物体は，曲がった軌道を取ることになる。

コリオリは，ニュートンの運動の法則の発展形として，回転する座標系の中で物体（空気の分子や砲弾など）がどのように動くかを計算した。そしてコリオリは，物体の動きが見かけ上曲がっているのは，見かけの力がはたらいているのと同じことであることを示した。実際には物体には力がはたらいていないが，そのように想定することで移動する物体の運動を正確に計算できるようになったのだ。コリオリ効果は海流や風について調べる際には重要な概念であり，太陽黒点の移動に影響したり，ロケットの打ち上げ計画などに応用されている。

「オーストラリアやニュージーランドでは流し台の水は時計回りに，北半球では反時計回りに回転する」という冗談は，コリオリ効果にヒントを得たものである。しかしコリオリ効果はこうした小さなスケールには現れず，台風ほどの大きさのものに現れるのだ。台風のような巨大な渦は，北半球では反時計回りに，南半球では時計回りに渦を巻いている。

41 星の年周視差

恒星の位置が年中変わらないという事実は，太陽を中心としそのまわりを地球が回るという太陽系像に対するもっとも強固な反論だった。観察者が動く地球上にいるならば，星の見かけの位置が動いて見えるはずなのだ。こうした位置の変化を視差（年周視差）と呼ぶ。

わたしたちの脳が距離や深さを判断できるのは，この視差を利用しているからだ。また，月や彗星，惑星の距離も視差を使って測定されている。しかし恒星の場合は，（少なくとも当時の観測装置では）位置を変えているようには見えなかった。視差が観測されないことから，ティコ・ブラーエは地球が動いていないと考えていた。恒星が非常に遠くにあるために視差が無限に小さくて観測不能である，という可能性は，ティコにとっては荒唐無稽なアイデアであったのだ。望遠鏡技術の向上により，1838 年にフリードリヒ・ベッセルによって初めて視差が測定された。ベッセルはこの観測データから，星々が想像だにしないほど遠くにあることを示した。

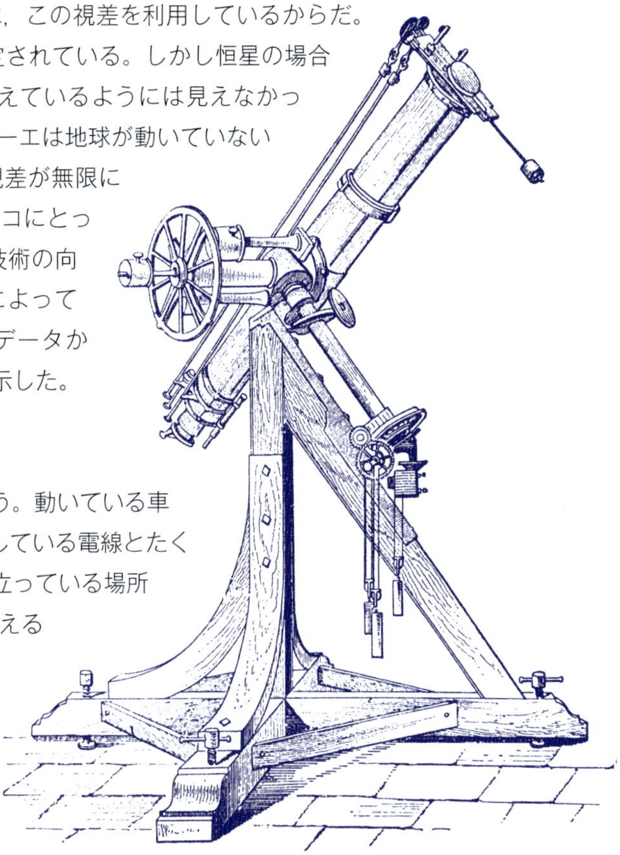

ベッセルが用いた太陽儀は，ジョセフ・フォン・フラウンホーファーによって作られたものだった。太陽儀は最初は太陽の大きさを測定するために用いられていたが，のちに視差の観測に用いられるようになった。太陽儀ではレンズによって天体の像が二つに分けられ，観測者はねじを回してこの像を近づけていく。こうすることで，天体の大きさや位置を精密に測定することができる。

精密測定

現代の日常的な風景でこの視差をたとえてみよう。動いている車や電車に乗っているとして，その進行方向に直行している電線とたくさんの電柱を考える。近づくにつれ，電柱はその立っている場所によって異なるスピードで近づいてくるように見えるはずだ。道路や線路にいちばん近い電柱とはものすごいスピードですれ違うだろうが，地平線近くにあるとても遠くの電柱はほとんど動いているようには見えない。このように，視差とは見かけの運動であり，その角度の大きさから，観測者と物体のあいだの距離を幾何学を使って計算することができる。天体観測の場合，太陽と地球のあいだの距離（1 天文単位）だけ離れた場所から見たときの角度の差が年周視差となる。（「パーセク」が，視差で求められる距離の単位である。1 パーセクの距離にある天体の年周視差は 1 秒角，つまり $\frac{1}{3,600}$ 度だ。1 パーセクは 206,265 天文単位に相当する。）

月や惑星は，先ほどのたとえではとても近くの電柱に相当し，星たちは遠くの電柱に相当する。星たちはとても遠くにあるので年周視差による見かけの動きは非常に小さく，測定は難しかったが，ベッセルによって初めて星の年周視差が測定された。彼は太陽儀を用いてはくちょう座 61 番星の視差を測定したが，その大きさはわずかに 0.314 秒角だった。この値から得られるこの星までの距離は，太陽までの距離の約 50 万倍というとてつもないものだった。ベッセルが計算した距離は現代の単位では 10.4 光年であり，現在知られている値からわずかに 9 パーセントしかずれていなかった。手動の装置を用いた観測としては，すばらしい精度である。

42 怪物望遠鏡

第３代ロス伯爵ウィリアム・パーソンズは，伯爵の称号とアイルランドの城を父親から受け継いだとき，ここを世界最大の望遠鏡を擁する最高の天体観測施設にしようと決心した。

パーソンズの巨大望遠鏡は「リバイアサン（怪物）」と呼ばれ，その大きさを支えるために２枚の頑丈なブロック塀に挟まれた構造になっており，まるで天文学の城のような見かけをしていた。パーソンズは，ニュートンが発明した反射望遠鏡に使われる巨大な鏡を何年もかけて開発した。ニュートンが使ったのと同じスズと銅の合金で反射鏡を作り，蒸気機関で動く研磨機で反射鏡を磨いていったのだ。

1845年に完成したこの巨大望遠鏡は，直径183センチメートルの反射鏡をもち，鏡だけで３トンもの重さがあった。この鏡は，８トンもある木製の板でできた長い筒に収められた。この望遠鏡はウインチによって上下方向の駆動ができたが，水平方向には60度しか動かすことができなかった。パーソンズはこの怪物望遠鏡で星雲やメシエ天体を精力的に観測した。パーソンズが残したもっとも重要な業績は，こうしたぼんやりした天体の多くが，無数の星からなる渦巻きの形をしていることを発見したことだ。これらの天体は，わたしたちが住む天の川銀河からはるか遠くにある銀河であり，パーソンズは初めてこれらの姿を明らかにしたのだ。

怪物望遠鏡で天体観測をするのは簡単なことではなかった。接眼レンズは望遠鏡の筒のすぐ横，地上から数十メートルの高さにあった。観測者は，望遠鏡とともに動く円弧の形をしたかごの部分まで登って観測しなくてはいけない。

43 数学と海王星

海王星は，肉眼では見えない唯一の惑星である。望遠鏡のパイオニア，ガリレオ・ガリレイも実は海王星を見ていたようだが，この天体が八つ目の惑星であることを確認するには，天文学ではなく数学が必要だった。

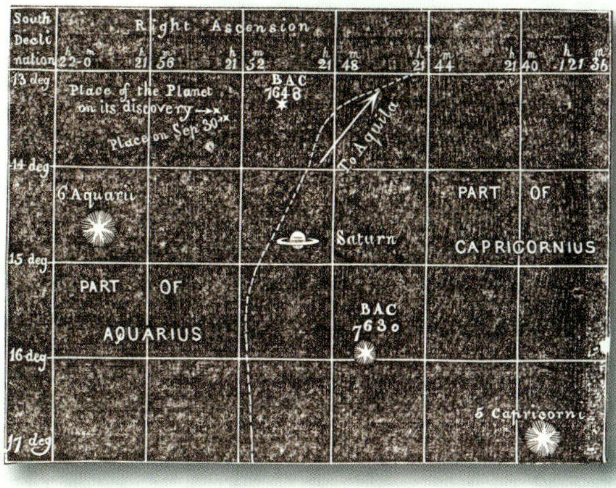

1846年に描かれた，新しい惑星の位置を示した図。この天体は，海を思わせるような青い色をしていたため，海王星（ネプチューン：Neptune，ローマ神話の海の神）の名がつけられた。

ガリレオは1612年に海王星を見ていたが，ちょうどこのとき海王星は逆行運動を始めた頃だったため，ガリレオはその動きに気づかなかった。惑星の逆行運動は，地球と惑星がともに太陽のまわりを回っていることによる見かけの運動で，いったん動きを止めてそれまでとは逆方向に動くように見える現象のことである。海王星が軌道を1周するには164年かかるため，ガリレオが観測しているあいだには海王星はほとんど動かず，単なる恒星と考えられた。そして海王星に関する記録はその後200年間失われた。

新惑星ヴァルカン

1846年に海王星が発見された数年後，ルヴェリエは太陽のすぐ近くに第9惑星があると予測した。ヴァルカンと呼ばれるこの小さな惑星は太陽と水星のあいだにあり，水星の軌道を乱していると考えられた。ルヴェリエの予想によれば，ヴァルカンは太陽のまわりを19日で1周するというものだった。その後50年にわたってヴァルカンの捜索は続けられ，誤認観測もいくつかあったが結局は無駄に終わった。1916年，アルベルト・アインシュタインは相対性理論を用いて，水星の軌道の乱れを説明した。ヴァルカンは存在しなかったのである。

軌道を外れる天王星

7番目の惑星である天王星も，1780年代に新惑星として「発見」されるよりも以前に，何人かの天文学者によって観測されていた。このため，天王星の観測データは豊富に蓄積されており，その軌道を正確に決めることができた。しかし，その後の観測によれば，天王星の軌道は予測された軌道から少しずれているようだった。そこで，さらに外側を回る未知の惑星の重力によって天王星が引っ張られているのではないかという考えが，1840年代に出てきた。

三つ以上の物体が互いに重力を及ぼし合いながら運動するようすを記述するには，きわめて複雑な数学が必要であり，これを一般化しようとする多くの数学者の試みは現在にいたるまで成功していない。しかし，最高の頭脳をもった数学者たちが，この未知の惑星の位置を計算することに挑んだ。

数学による競争

トップレベルの数学者たちは，競い合うようにその答えを求めようとした。彼らは，新しい惑星はティティウス－ボーデの法則に合致する距離にあるはずだと考え，これをもとに計算を行った。1846年，オックスフォードのジョン・アダムスが計算を完了させたが，最終的に栄冠を勝ち取ったのはライバルでパリ天文台に勤めていたユルバン・ルヴェリエだった。ルヴェリエはベルリン天文台のヨハン・ガレに計算結果を送り，ガレはルヴェリエからの手紙を受け取った数時間後にたしかに海王星を発見した。

ドイツ人のヨハン・ガレ（下図）は彼の弟子ハインリッヒ・ルイス・ダレストとともに海王星を発見した。ルヴェリエはフランス人であったが，フランスでは新惑星の観測に興味をもつ人がいなかったため，ルヴェリエはガレにその位置を記した手紙を送ったのだ。

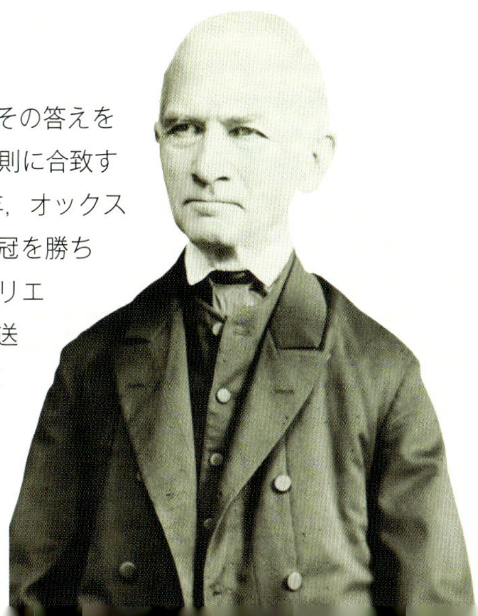

44 すばらしい光

星たちがとても遠い距離にあることがわかると，フリードリヒ・ベッセルは宇宙を測る単位として「光年」を提唱した。１光年は光が１年かけて進む距離だが，その長さを決めるためには光の速度を正確に測定する必要があった。

ベッセルは，1725年にジェイムズ・ブラッドリーが測定した光の速度に基づいて，はくちょう座61番星までの距離を光年で表した。ブラッドリーは，レーマーと同様に，天体観測によって光速を測定した。彼が導きだした光速はたいへん正確なものだったが，わずかに実際よりも大きな値だった。彼は太陽を出た光が地球に届くまでに必要な時間が８分12秒であるとしたが，これは実際よりも６秒だけ短い。しかし小さな誤差であっても，何光年もの距離を測るときにはその誤差は非常に大きなずれとなる。

フランス人イポリット・フィゾーは，1849年までに実験室で光速を測ることに成功していた。彼は，回転する歯車の歯のあいだを通して8.1キロメートル先に置いた鏡に向かって光を放つ実験を行った。歯車をどんなに速く回しても，光が鏡に届くのを妨げることはできなかったが，特定の速度で歯車を回すと，鏡に反射されて戻ってくる光が歯車の歯にさえぎられて暗くなることをフィゾーは発見した。鏡までの距離と，光が歯車の歯のあいだを抜けて鏡に到達し，戻ってきた光が歯車の歯に当たるまでの時間をもとに光の速度を計算すると，秒速313,300キロメートルとなった。これは現在知られている値から４パーセントだけ大きなものであった。1862年，レオン・フーコーは改良した装置を用いて，秒速299,796キロメートルという値を導いた。これは現在の値と秒速４キロメートルしか違わないものであった。

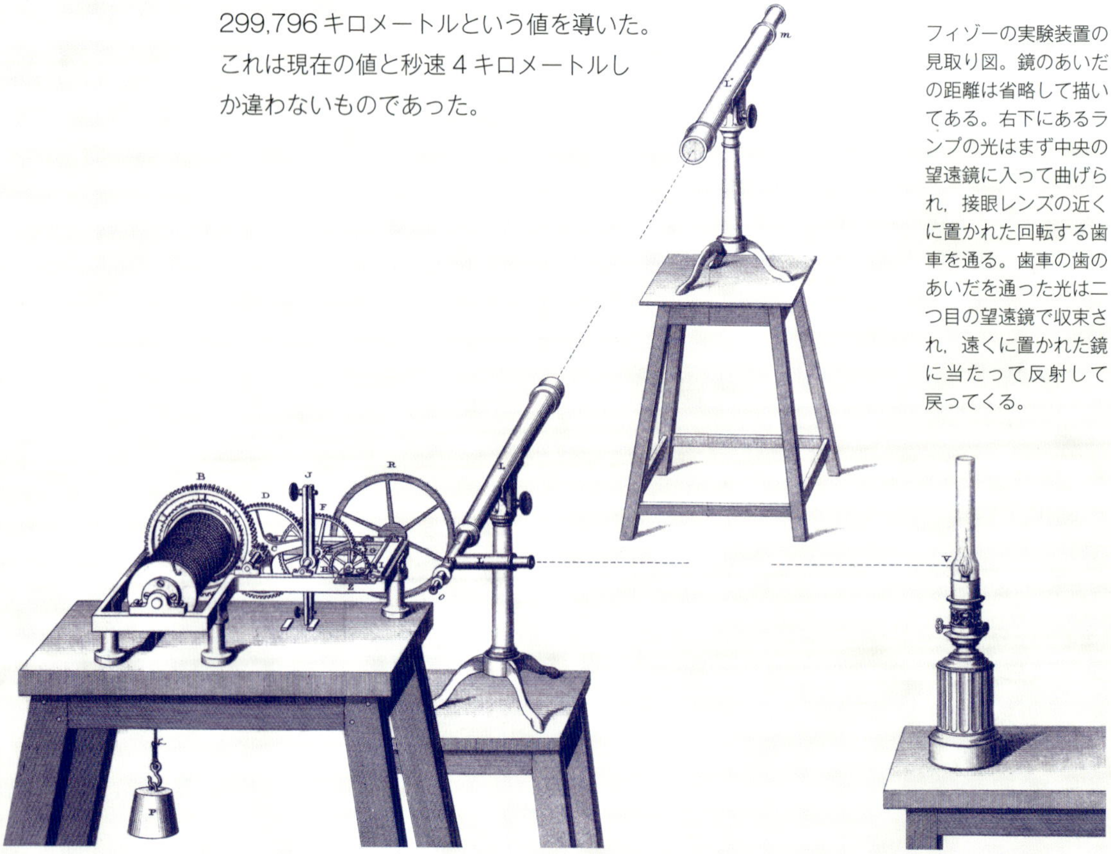

フィゾーの実験装置の見取り図。鏡のあいだの距離は省略して描いてある。右下にあるランプの光はまず中央の望遠鏡に入って曲げられ，接眼レンズの近くに置かれた回転する歯車を通る。歯車の歯のあいだを通った光は二つ目の望遠鏡で収束され，遠くに置かれた鏡に当たって反射して戻ってくる。

45 フーコーの振り子

地球が太陽のまわりで１日に１回転するということは，コペルニクス的な太陽系像を支える重要な観測事実の一つだった。天が回転するという「幻想」はこれによって作られるのだ。観測者が地球の表面にいる限り，この地球の回転を直接観測することは不可能だと考えられてきた。しかしレオン・フーコーがパリに巨大な振り子を作ったことで，その観測が可能になった。地球は，たしかに動いていたのだ。

振り子の運動は，ある法則に従う。振り子の動きがこの法則からずれているとすれば，それはほかの何かが動いているせいだ，とフーコーは考えた。振り子の動きでないとすれば，地球自体が動いているのだ。

フーコーの振り子は，この挿絵に描かれたロンドンをはじめ世界各地で実演された。オリジナルの振り子はパリのパンテオンに作られたもので，そこには今もレプリカが置かれている。

振り子を振ってみると

1582 年，イタリア・ピサの教会で天井からつり下げられた大きなランプが揺れるのを見て，ガリレオ・ガリレイは振り子の法則を発見したといわれている。ガリレオはランプの揺れの周期を測り，振れ幅の大きさによらずランプが揺れて戻ってくるまでの時間が同じであることに気づいた。ガリレオはのちに，単純な振り子の周期は振り子のひもの長さの平方根に比例することを示した。振り子のおもりを重くしても，この関係は変わらなかった。重い振り子も軽い振り子も，同じ周期で揺れるのだ。アイザック・ニュートンはのちに慣性（物体の動きが変化することに対する抵抗）によって，振り子は一つの平面内でしか揺れないことを示した。

ねじれる振り子

1851 年，フーコーはパリで巨大な振り子を製作した。振り子が揺れると，床に敷き詰められた砂にその軌跡が描かれる。そしてその砂には，細かな目盛りが打たれていた。はじめは振り子はある平面内で揺れているように見えるが，何時間も経つと振り子の軌跡はゆっくりと時計回りに回っていくことがわかる。振り子には何も触れていないから，この軌跡の動きは振り子ではなく床面（つまり地球）が動いていることを示している。24 時間後，振り子は最初の平面に戻ってくる。コペルニクスがいった通り，地球は１日で１回転するのだ。

46 黒点のサイクル

太陽に関する最初の天文学的知識を得るには，望遠鏡は必要なかった。むしろ，望遠鏡によって集められた光を受けると，網膜は致命的な傷を負ってしまう。このため，太陽を観測するためには工夫が必要だった。

太陽を観測するもっとも簡単な方法の一つは，太陽の像を壁面などに投影して観察することだ。昔の天文学者は，カメラ・オブスキュラと呼ばれる部屋の大きさほどもあるピンホールカメラを用いて，あるいはすすをつけたガラスを用いて太陽を観測した。こうした方法で太陽を観察したとき，その表面でもっとも目立つのは太陽黒点だ。黒点についてのもっとも古い記録は，紀元前４世紀の中国の天文学者によるものである。

のちの時代にも，太陽表面に現れる黒い模様がときどき記録に残されている。それらの多くは太陽面を通過する水星の姿だと現在では考えられているが，1612年にガリレオが望遠鏡で太陽を観測したとき，彼はその黒い模様は太陽表面にあるものだと正しく解釈し，日を置いて観測することでその形の変化や動きを記録に残している。

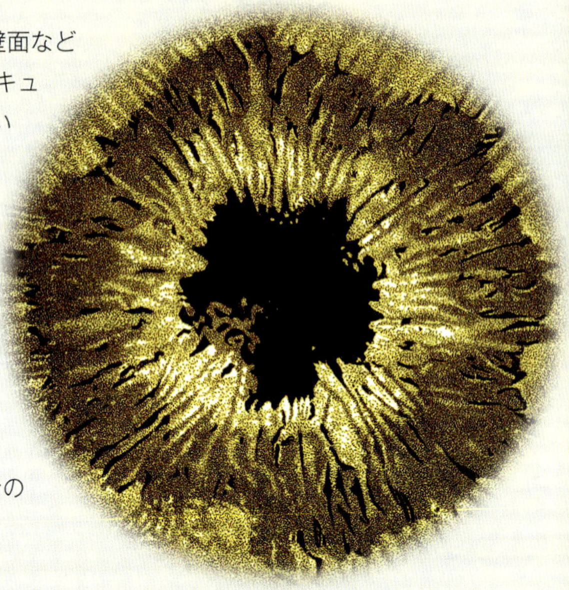

イタリア・イエズス会の天文学者ピエトロ・アンジェロ・セッキが1873年に描いた，太陽黒点の詳細なスケッチ。黒点中央に暗部があり，その外に半暗部があることがよくわかる。こうした部分はさらに温度が高い部分に囲まれているために暗く見えるが，もし黒点の部分だけが宇宙に浮かんでいたら明るく輝くはずだ。また黒点の平均的な大きさは，地球のおよそ２倍もある。

変化する黒点の形

ウィリアム・ハーシェルは，黒点は太陽上の燃える雲の隙間から冷たい地面が見えているようすだと考えた。またそうした熱い大気の中に人間が住んでいるとも考えていたが，これは18世紀の天文学者のあいだではそれほど突飛な考えではなかった。こうしたハーシェルの考察のうち，けっきょく正しかったのは「黒点は周囲よりも温度が低い場所である」ということだけだった。それでも，わたしたちの身のまわりと比較するとずっと温度は高いのだが。

黒点の変動に周期性があるということを最初に指摘したのは，ドイツの天文学者ハインリッヒ・シュワーベだった。シュワーベは1826年から1843年まで，17年以上にわたって太陽黒点を詳しく観測した。しかしシュワーベが太陽の観測を開始したのは，水星の内側に回っていると考えられていた未知の惑星ヴァルカンを探すためだった。シュワーベは，ヴァルカンが太陽の手前を通過するときには黒点のように黒く見えるはずだが，その動きから黒点とは区別できると考えた。シュワーベの観測では黒点しか見つからなかったが，彼の観測データによって黒点の数が11年周

小氷期

20世紀のはじめ，英国の天文学者エドワード・マウンダーは古くからの記録をまとめ，17世紀以降の太陽活動について調査した。マウンダーは1645年から1715年にかけて，ほとんど太陽黒点がない時代があったことを明らかにした。現在では「マウンダー極小期」と呼ばれるこの期間は，そうした太陽の活動が世界の気候にも影響を与えたと考えられている。17世紀中期から18世紀中期にかけては，明らかにほかの時期よりも気温が低かったのだ。この期間はヨーロッパの小氷期と呼ばれており，ロンドンを流れるテムズ川はこの時期ほぼ毎年冬に凍りついてしまい，厚い氷の上で博覧会が開催されていた。

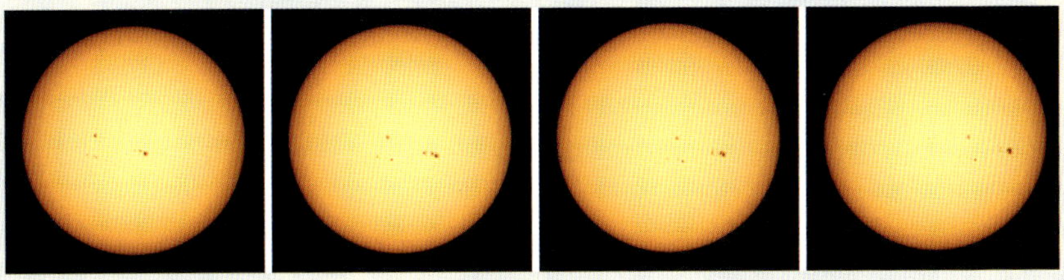

4 日間にわたって太陽の写真を撮影すると，黒点が動いていくのがわかる。これはちょうど地球の雲の動きを観測するのに似ている。太陽は自転しているため，黒点の運動にはコリオリ効果が影響している。

期で変動することが明らかになった。

1851 年にシュワーベがこの観測データを公表すると，スイスの天文学者ルドルフ・ウォルフはシュワーベのデータとこれまでのほかの観測結果をまとめあげ，1740 年代から 100 年にわたる黒点の変動を明らかにした。黒点の数はほぼ 11 年の周期で増減しており，黒点がほとんど現れない期間があったこともわかった。

1908 年，米国の天文学者ジョージ・ヘールは，黒点が太陽磁場のねじれによって生じることを明らかにした。非常に強い磁力線の影響で対流による熱の流入が妨げられることで，温度が下がるというのだ。黒点の数が増えたり減ったりするのは，太陽の自転によって磁場のねじれが増幅され，あるときに磁場のつなぎ替えが起きてそれがリセットされるという機構によるものだと考えられる。

47 太陽のガス：ヘリウム

太陽を調べるもう一つの方法は，皆既日食を観察することだ。皆既日食では太陽の明るい光は月によってさえぎられてしまい，太陽を取り巻く淡いコロナガスを見ることができる。

1868 年の皆既日食では，分光器による太陽コロナの観測が行われた。その頃までにロベルト・ブンゼンやグスタフ・キルヒホッフによって分光学の基礎は確立されており，三つの法則が知られていた。一つ目は，熱い固体はすべての色の光を出す（白色光を出すように見える）ということ，二つ目は熱い気体は特定の色の光（輝線）を出すということ，三つ目は冷たい気体は特定の色の光を吸収する（吸収線）ということである。こうした法則に基づいて，天文学者たちは星や星雲，星間微粒子の組成を研究することができる。

太陽コロナは非常に高温であるため，輝線を放つことができる。1868 年の皆既日食では，ピエール・ジャンセンが太陽コロナの中に黄色の輝線を発見した。ノーマン・ロッキャーは 1870 年までに知られていた元素でこの黄色い輝線を再現しようとしたが，成功しなかった。このため，彼は太陽コロナには新しい未知のガスが含まれていると考えた。ロッキャーは，ギリシア語で太陽を表す単語「ヘリオス」をもとに，このガスをヘリウムと名づけた。

ヘリウムは太陽のエネルギー源である核融合反応の副生成物である。下の写真はヘリウムの輝線を示しており，特に明るい黄色の輝線がヘリウムの発見につながった。

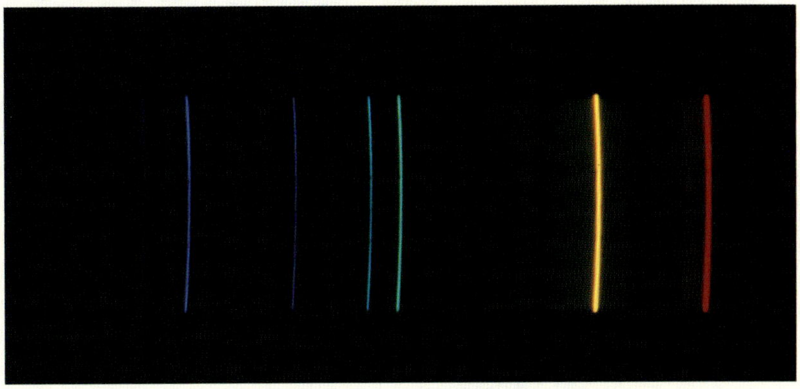

48 火星の運河

望遠鏡が発達してくると，火星も観測対象に含まれるようになってきた。1877年，地球と火星は大接近し，火星を詳しく観測する絶好の機会が訪れる。しかし誤訳された火星地図によって，現代にもつながる迷信が生まれてしまった。

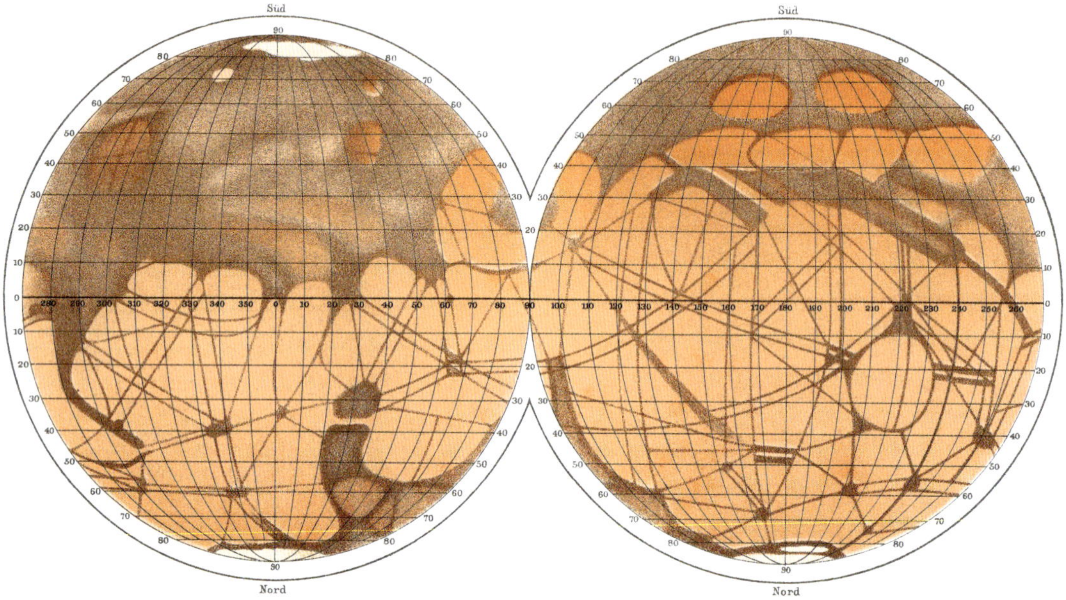

ジョバンニ・スキャパレリが1877年に描いた火星の地図。スキャパレリがcanaliと名づけた細長い構造が多く描かれている。最近の観測によれば，今は乾燥しきっている火星表面は太古の昔には水でおおわれており，その水によって浸食を受けた地形が黒っぽいすじとなって見えていると考えられている。

カッシーニとホイヘンスは，火星には極冠（極地方にある白い氷の大地）があり低緯度帯には黒っぽい地形が広がっているという観測結果を報告した。ウィリアム・ハーシェルは彼の巨大な望遠鏡による観測で，地球の極地と同じように，火星の極冠も1年を通じて大きくなったり小さくなったりすることを発見した。黒い地形も大きさを変えるように見えたため，ハーシェルは極冠が融けて洪水が発生するのだと考えた。この大きさの変化は数週間で起きるため，火星の春に植物が芽吹くようすだと考える研究者もいた（今ではこうした黒い領域は，白っぽい砂が嵐によって巻き上げられ，黒い岩盤が見えているようすだということが明らかになっている）。

1877年，イタリアのジョバンニ・スキャパレリは，川が黒っぽい海につながっているように見える地形を発見した。スキャパレリは，溝という意味のcanaliという単語を火星の地図に書き込んだが，この地図が英語に訳されるときに「運河」を意味するcanalsという語に置き換えられてしまった。これがもとで，人々は火星には工業文明をもつ知的生命体がいると考えるようになった。そして火星人は好戦的だという考えに基づいて，H・G・ウェルズは小説『宇宙戦争』を執筆した。アマチュア天文家は多くの『運河』発見を報告していたが，米国の富豪パーシバル・ローウェルもそのようなアマチュア天文家の一人だった。ローウェルはアリゾナ州フラッグスタッフに天文台を建設し，火星生命の兆候探しに夢中になった。ローウェル天文台では火星生命は見つからなかったが，1930年に冥王星を偶然発見した。

スキャパレリは，太陽と火星のちょうどあいだに地球が入る「衝（しょう）」の時期に火星の地図作りを行った。このとき地球と火星はもっとも近づく。

49 標準時の設定

19 世紀中頃まで，時刻というのは非常に局地的な事柄だった。正午というのは，観測者がどこにいようとも，太陽が頭上もっとも高いところに来る時間であった。しかしこうした時刻の決め方では，長距離を走る鉄道の時刻表を作る際には混乱が生じてしまう。天文学であっても，工業化の波と無縁ではいられなかったのだ。

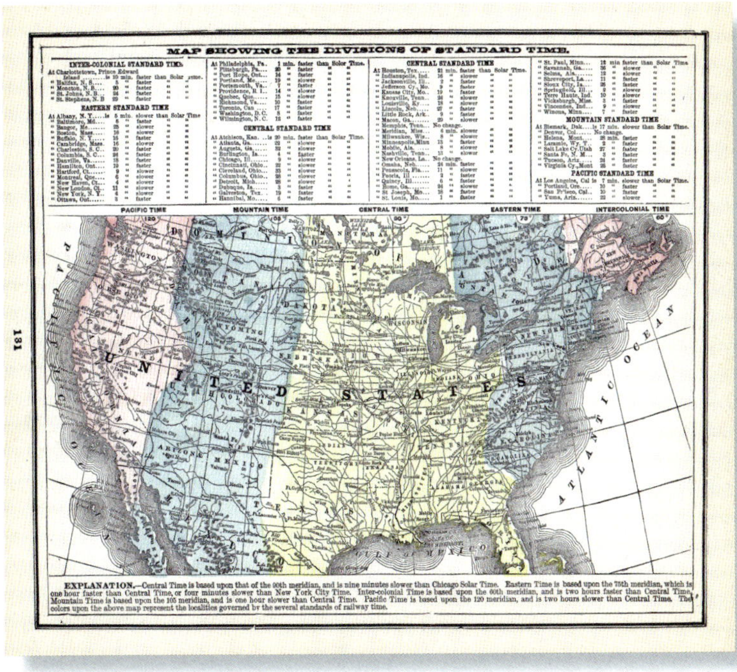

1883 年，米国は四つの時間帯に分割された。この地図はそのすぐ後に発行されたもので，カナダの大西洋沿岸州では大西洋標準時間帯が採用されていることもわかる。

鉄道によって経度で 1 度分移動すると，現地時刻は 4 分変わるということはよく知られていた。このことが初めて顕著に問題となったのは，ロンドンと英国西部の町ブリストルをつなぐグレート・ウェスタン鉄道が敷設されたときだった。ブリストルはこのときロンドンよりも 10 分遅れた時刻を使っていたため，列車の時刻を表現するときに混乱が起きてしまった。これを解決するため，グリニッジでの平均的な 1 日の長さに基づいた時刻（グリニッジ標準時）が鉄道時刻として採用された。

これには強い反対もあった。町独自の時刻に誇りをもつ人たちも多くおり，鉄道時刻は得体のしれないものだとして，疑いの目を向けられていた。しかしいずれにしても，けっきょくはグリニッジ標準時をみな使うようになった。

世界標準時

1880 年代までに，この問題は世界規模のものとなっていった。高速な移動手段の発展だけでなく，遠く離れた場所で瞬時に情報をやり取りできる電報が普及したからだ。1884 年，カナダの天文学者サンドフォード・フレミングの呼びかけにより，世界中の国々を各地の標準時をもとにした時間帯に区分するための国際会議がワシントン DC で開催された。大英帝国と米国はすでにグリニッジ標準時を採用しており，海図もグリニッジを標準子午線の基準とする体系になっていたこともあって，これが世界の時刻の基準となるのは当然のことであった。各国は，どの時間帯に属するかを選択することになった。フランスはグリニッジ標準時の採用を拒み，パリを通る子午線を 1911 年まで基準として使い続けた。

ブリストルの証券取引所では，分針が 2 本ある時計が今も使われている。グリニッジ標準時と，それから 10 分遅れたブリストルの独自の時刻を示しているのだ。

星の世界に手を伸ばす

50 宇宙旅行

ツィオルコフスキーのノートに描かれたスケッチの一部。このノートは，彼の故郷であるモスクワの南にある町カルーガの博物館に展示されている。

初めて宇宙に行った人間は，ある伝説によれば中国のワン・フーという人物である。16世紀，ワン・フーは椅子に47本のロケットを取り付け，宇宙に行こうとした。ロケットに点火した瞬間あたりは煙に覆われ，彼の姿はそれっきり見えなくなった。

レンガの月

宇宙旅行が初めて小説に登場したのは，1865年にジュール・ベルヌが記した『月世界旅行』であった。この本では実際の物理法則についてはあまり顧みられていない。1869年にエドワード・エヴェレット・ヘールが書いた小説『レンガの月』では，いくぶん空想に頼る面があるものの，科学的側面についても検討されている。『レンガの月』では，航海におけるナビゲーションに使うために作られた人工の月が，誤って人間を乗せたまま打ち上げられてしまうという物語である。これは，人工衛星や宇宙ステーションというアイデアを使った最初の小説である。

ワン・フーの実験を再現してみると，おそらくワン・フーのロケットは発射台で爆発してしまったのではないかと思われる。そして実際のロケット技術は，長く戦争の道具として研究が行われてきた。米国の国歌の歌詞にある“rockets' red glare”（ロケットの赤い光）は，1812年に英国戦艦から発射されたコングリーブロケットによる米国の港湾施設への攻撃を表したものだ。金属製の筐体（きょうたい）でおおわれた巨大な花火のようなロケット兵器は，もともとはインドで開発されたロケットにヒントを得て作られたものだ。

宇宙にはばたく夢想家

宇宙へ飛び出すためにロケットを使うということを最初にいいだしたのは，ロシアで教師をしていたコンスタンティン・ツィオルコフスキーだった。ツィオルコフスキーは地球の脱出速度を秒速8キロメートルと求めた。現在ではツィオルコフスキーのロケット方程式とよばれる公式を使い，冷却した液体水素と液体酸素を混ぜて燃焼させることでこの速度を達成できることを計算で示したのだ。液体酸素と液体水素は，現代の巨大ロケットで実際に使われている燃料でもある。

1903年に自身の著書の中でツィオルコフスキーは，隕石との衝突から宇宙船を守るための二重隔壁や無重力による健康問題など，宇宙飛行に関するさまざまな事柄を予測した。また彼は多段式ロケットの設計も行っている。ツィオルコフスキー自身はそれを「ロケット列車」と呼んでおり，高く飛ぶに従って空になった燃料タンクを順次切り離していく仕組みであった。1911年，ツィオルコフスキーは有人ロケットも提案している。宇宙飛行士はロケットの先端に取り付けられた宇宙船の床面に上を向いて寝転がる姿勢を取るとされているが，これは打ち上げ時の大きな荷重に耐えるためであった。

1919年に撮影された，ツィオルコフスキーと彼が設計したロケット。ツィオルコフスキー自身はロケットの開発は行わなかったが，彼の残した業績はソ連におけるロケット開発や宇宙技術に大きな影響を与えた。

51 地軸の傾き

天文学者が用いる3次元的な宇宙の地図は，地球を中心としたものだ。しかし太陽に対する地球の正確な位置は常にわずかずつ変化し続けており，星図が常に正しい状態を保つように継続的に観測を続ける必要があった。

ヒッパルコス以降，天文学者たちは地球の軸はごくゆっくりとした速度でふらついていることを知っていた。これは歳差運動と呼ばれ，地軸と黄道面がなす角が変化する現象である。黄道面とは，太陽のまわりを地球が回る際に通る仮想的な平面のことだ。すべての天体の位置は，この黄道面と天の赤道（地球の赤道を天に投影したもの）との交点を基準にした座標で表される。

歳差運動のために，天文学者たちは継続的に天体の位置を更新していく必要があった。1895年，カナダ系米国人のサイモン・ニューカムは，地球と月の相対的な位置を予測する数学的な方法を提案した。彼の計算結果は，1984年に米国航空宇宙局（NASA）が最新の技術で太陽系天体の位置を測定するまで使われ続けた。

サイモン・ニューカムは大胆な予想も物おじせずに発表した。1888年，彼は「天文学に関する我々の知識は，もはや極限まで来ている」と語っている。また1903年には，彼は当時知られている材料では空を飛ぶ機械を作ることはできないとも語った。しかしその数カ月後にライト兄弟が飛行機を開発し，ニューカムの予想がまちがっていたことが明らかになる。

季節変動

地軸と黄道面の不一致により，地球には四季が生じる。夏には，北半球が太陽の側に傾き，このために太陽が空の高い位置を通るようになって昼の長さは長くなる（そして気温も上がる）。いっぽうでこのとき南半球は太陽が低くなる冬で，昼は短く寒い。6カ月後，地球は太陽の反対側に移動する。このとき北半球は太陽とは反対方向に傾いており，南半球に夏が訪れる。

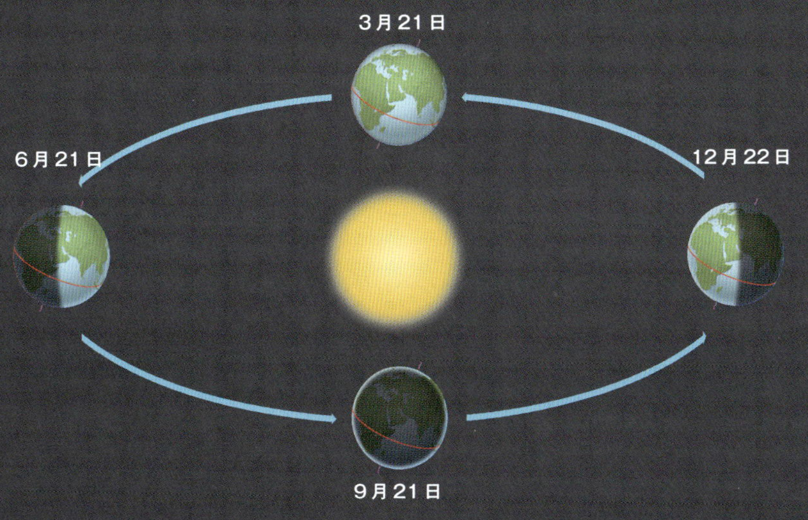

52 宇宙における限界速度

「光と一緒に飛んだら，どんな景色が見えるだろうか？」これは，アルベルト・アインシュタインが十代の頃から抱き続けた疑問であった。そしてその答えはコペルニクスの地動説にも匹敵するパラダイム・シフトをもたらした。エネルギー，物質，空間，そして時間がどのように関係づけられているかが明らかになったのだ。

アルベルト・アインシュタインは，天才科学者の典型例となった。ぼさぼさの髪や中欧なまりの英語は，その後の子どもたちが読む漫画に登場するおかしな科学者のモデルとなっている。

では，その答えはなんだろう？　その答えを理解するためには，まずあなたの直感を捨てなければいけない。なぜなら，アインシュタインが1905年に発表した特殊相対性理論が予言する世界というのは，まったく直感に反するものだからだ。もしあなたが光と一緒に飛んでいて後ろを振り返ったなら，ほかの物体から出る光はあなたに追いつくことができないから，あなたの目には何も見えない，と普通は考えるだろう。しかしアインシュタインの答えは違った。あるいは，光と一緒に飛んでいるその進行方向を見たら，光が光速の２倍であなたのところにやってくると普通は考えるだろうが，これもまたアインシュタインの得た答えとは異なるものだ。すべてのものは，普段どおりに見えるというのである。あなたが光の速さで飛んでいたとしても，どの方向から来る光もやはり光の速度で飛んでおり，あなたの移動速度とはまったく関係がないのだ。

エーテルの風

こうしたアインシュタインの考えは，19世紀までに知られていた光に関する理論とはまったく異なるものであった。それまでは，光は波と同じように媒質の中を進むものと考えられていた。音が空気の中を伝わるように，光もエーテル――2,100年前にアリストテレスが考えた第5の元素と同じように，そこらじゅうに満ちている物体――の中を伝わっていると考えられていたのだ。もしエーテルが存在するとしたら，地球はエーテルの中を動いていることになるから，地球の動きと直角の方向に進む光はエーテルの動きに引きずられて少し方向がずれるだろう。しかし1887年に行われたマイケルソン・モーレーの実験によれば，そうした光の進行方向のずれは見つからなかった。このためエーテル説は否定され，新たな理論が必要になったのだ。

時　空

アインシュタインのアイデアは，すべてのものを一つの時空に持ち込み，エネルギーと質量を関連づけることだった。質量のある物体は時空をゆがめ，このために重力が発生するというのだ。質量のある物体がすばやく動くと，空間は収縮して物体を元ある場所に留めようとする。そうすると質量が増加し，早く動かすにはより多くのエネルギーを必要とするようになる。もし物体が光の速度で運動する場合には，物体の質量は無限に大きくなり無限大のエネルギーが必要となる。つまり，それは不可能ということだ。質量のあるものは光の速度で運動することはできず，質量のない光子だけが光の速度で運動することができるのだ。こうした質量と空間の関係は人間のスケールではごくわずかで感知するのは難しいが，観測者がどんな運動をしていようとも光速は一定であることが保証されている。

双子のパラドックス

光速に近い速度で飛ぶと，動かない物体よりも時間の進みが遅くなる。ここで，一組の双子を考えよう。双子のうちの一人は超高速の宇宙船で長い宇宙旅行をすると仮定する。旅をしているあいだには，時間の進みは普段と変わらないように感じられることだろう。25 歳の誕生日に地球を出発して 26 歳の誕生日に戻ってきたとしても，二人がそろって誕生日のケーキを食べるときには地球に残っていた一人のほうにたくさんろうそくが必要になる。超高速で移動していた人のほうが，地球に残っていた人よりも時間の進みが遅いからだ。

53 宇宙線

空気がわずかに導電性をもつことは，この頃にはすでに知られていた。1912 年，勇敢な一人の科学者が気球を使って，この導電性が宇宙からやってくる粒子によるものだということを証明した。

1912 年，高層大気の導電性を確かめるために気球で高度 5,000 メートルまで飛ぶ準備をする，オーストリアの物理学者ヴィクトール・ヘス。

電気を帯びている物体というのは，電子を過剰にもっているか，あるいは不足している状態にある。地球上では，電気を帯びた物体に空気中の荷電粒子が当たって電荷のバランスを取ろうとするため，いずれその電気を帯びた物体は電気的に中性になる。

原子物理学の進展によって，空気中のガスが高エネルギー粒子とぶつかるときにどのように電気を帯びるのかが明らかになってきた。1911 年，オーストリアの物理学者ヴィクトール・ヘスは空気の導電性が高度によってどのように変化するかを調べるため，気球を使った実験を開始した。ヘスは検電器を気球に持ち込んだ。検電器には一方を留められた２枚の金箔が入っており，気球離陸時には完全に帯電しているために２枚の金箔が反発力で開いた状態にあった。検電器から空気中に電荷が逃げると，この２枚の金箔がどんどん閉じていくという仕組みである。ヘスは，気球の高度が高くなればなるほど検電器から速やかに電荷が減っていくことを発見した。上空の薄い大気は，宇宙線と呼ばれる高エネルギー粒子によってより帯電していたのだ。遠くで爆発した星などから発せられる高エネルギー粒子は，絶え間なく地球に降り注いでいる。

54 星の種類

20 世紀のはじめ，天文学者たちは星の位置や明るさとともに，その星のさまざまな性質を調べることが可能になっていた。こうしたさまざまな性質は，一見すると雑然としていてよくわからないものだったが，二人の天文学者の手によって非常に簡潔な 1 枚の図にまとめられた。またこの 1 枚の図からは，星の一生の最初の 1 ページまでもが読み取れる。

星の明るさは，等級という単位で表現される。等級という考え方はヒッパルコスが生みだしたもので，彼は夜空の星を 1 等星から 6 等星に分類した。今日わたしたちが使っている等級のスケールは，1856 年にノーマン・ポグソンによって整備されたものである。彼はわし座のアルタイルのような明るい星（ただしもっとも明るい星ではない）を 1 等星とした。ウィリアム・ハーシェルの息子，ジョンは，古代ギリシアの等級スケールにおいて 1 等星は 6 等星の約 100 倍の明るさであることに気づいていた。このためポグソンは，1 等星は 6 等星のちょうど 100 倍の明るさとし，そのあいだを等間隔に区分して 2 等星から 5 等星までを決めた。7 等星は暗すぎるため，肉眼で見ることはできない。いっぽうでもっとも明るい星たちは，マイナスの等級をもつ。金星はマイナス 4 等，満月はマイナス 12.6 等，そして太陽はマイナス 26.7 等になる。

すべての星には二つの等級がある。一つは空でその星がどれくらいの明るさに見えるかを示す見かけの等級であり，もう一つはその星がほかの星と比べてどれくらい本当に明るいかを示す絶対等級である。ある星の絶対等級は，その星までの距離がわかれば見かけの等級から計算することができる。また，もし二つの星が互いを回りあう連星で，かつ一つの星がもう一つの星の手前を通るようなケースでは，ニュートンの重力の法則を用いて星の質量を計算することができる。その結果，星はいろいろなサイズのも

主な星の大きさ比較。わたしたちの太陽は，右にある黄色の星だ。その後ろにある青白い星はシリウス A であり，太陽の約 1.7 倍の大きさがある。手前の赤い小さな星は太陽にもっとも近い恒星であるプロキシマ・ケンタウリであり，その大きさは木星程度だ。いちばん手前の小さな点に見えるような星は，白色矮星シリウス B であり，これは地球よりも小さい。また，太陽をこの図のシリウス B の大きさに縮めると，超巨星はこの図のシリウス A くらいの大きさになる。これまで発見されたもっとも大きな星はおおいぬ座 VY 星であり，太陽の 2,000 倍もの大きさをもつ。

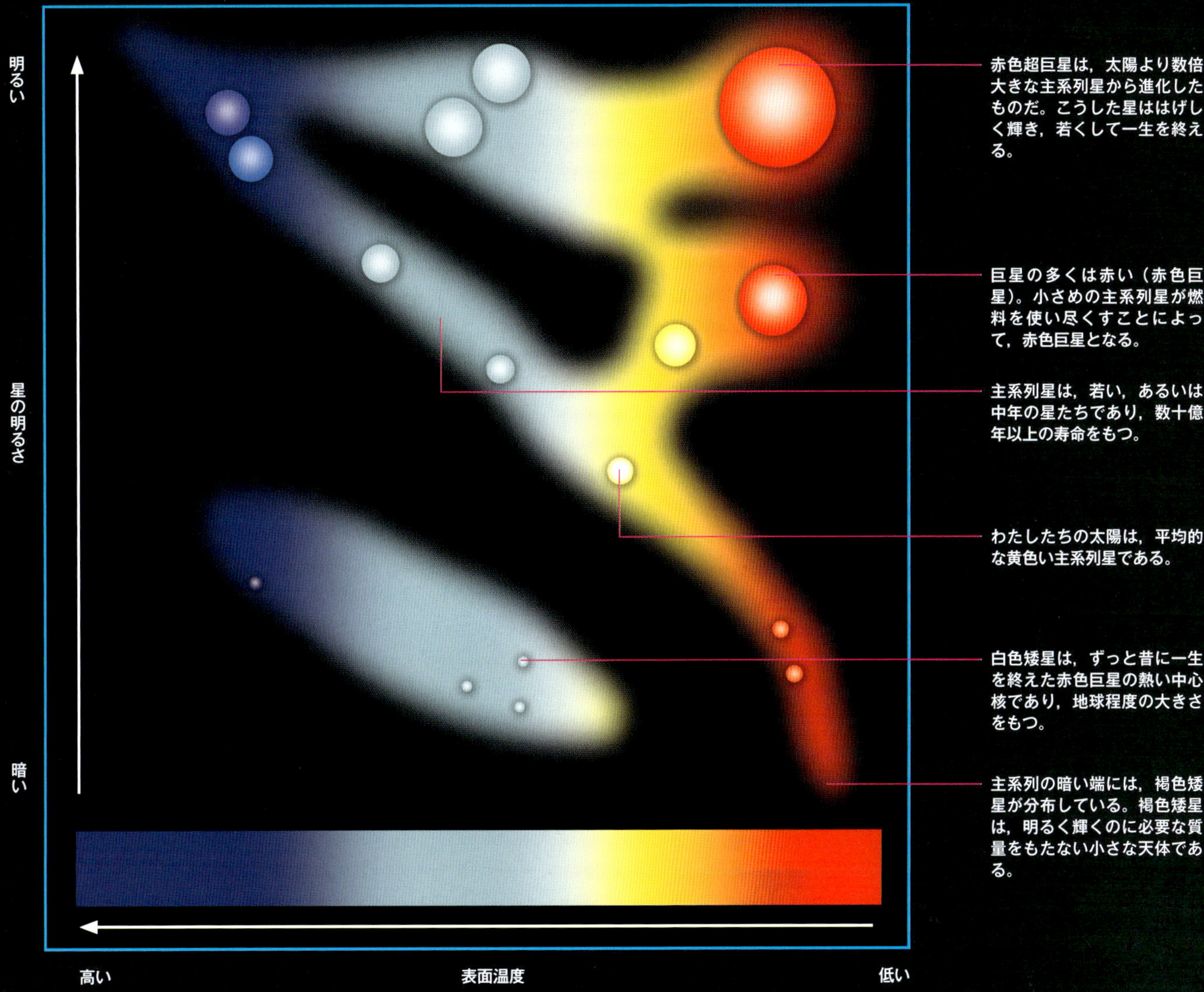

明るい
星の明るさ
暗い
高い
表面温度
低い
赤色超巨星は，太陽より数倍大きな主系列星から進化したものだ。こうした星ははげしく輝き，若くして一生を終える。
巨星の多くは赤い（赤色巨星）。小さめの主系列星が燃料を使い尽くすことによって，赤色巨星となる。
主系列星は，若い，あるいは中年の星たちであり，数十億年以上の寿命をもつ。
わたしたちの太陽は，平均的な黄色い主系列星である。
白色矮星は，ずっと昔に一生を終えた赤色巨星の熱い中心核であり，地球程度の大きさをもつ。
主系列の暗い端には，褐色矮星が分布している。褐色矮星は，明るく輝くのに必要な質量をもたない小さな天体である。

ヘルツシュプルング－ラッセル図（HR図）を初めて描いたのはヘルツシュプルングであり，彼は星々の色と明るさをグラフに表した。2年後，ラッセルは星々の表面温度と明るさをグラフにし，これが現在わたしたちが使うHR図となった。

あることがわかった。なかには，太陽の数千倍も大きい星もある。

ヘルツシュプルングとラッセル

多数の星を分光観測した結果，星がすべて同じ組成をしているわけではないことがわかってきた。天文学者は，分光観測で現れる特徴ごとに星を分類するようになった。青い星は赤い星よりも温度が高いため，色から星の表面温度が導ける。1913年までに，アイナー・ヘルツシュプルングとヘンリー・ラッセルはそれぞれ独自に，星の色と明るさをグラフに表した。このグラフの上で星はランダムに分布するわけではなく，太陽を含むほとんどの星は，高温で（＝青く）明るい部分から低温で（＝赤く）暗い部分をつなぐ列をなす。これを主系列と呼び，ここに属する星を主系列星と呼ぶ。また，主系列の上に分布する星の一団もある。これらは巨星であり，明るいが一般に低温である。主系列の下には，暗いが熱い星，白色矮星（わいせい）が存在する。これらの星は，青く見えるほど熱くはない。どうしてこうしたいろいろな星ができるのかを研究することで，宇宙創成の物語に迫ることができる。

55 曲がる時空

1796年，フランスの天才ピエール・シモン・ラプラスは，重力が非常に強く光さえも抜け出せない物体の存在可能性に思いを巡らせた。これは単なる思考実験だったが，1916年にアインシュタインが提唱した一般相対性理論により，そのような天体の存在が確かなものになった。

特殊相対性理論が物理学の世界で話題になった10年後，アインシュタインは自身の考えを宇宙全体に広げた一般理論を構築していた。この理論は，ニュートンの万有引力の法則を上書きするものだった。ニュートンの万有引力では，野球のボールの運動，ライト兄弟の真新しい飛行機，そして大砲の弾の運動はほぼ完ぺきに予測できたが，惑星の複雑な運動を説明するのは困難だった。ニュートンの万有引力の法則に含まれる誤りがわずかなものだとしても，それが宇宙スケールにまで拡大されると非常に大きな誤差になってしまうのだ。

遠くの銀河と地球のあいだにブラックホールがあった場合，遠くの銀河からやってくる光が曲げられることで銀河が円形に引き伸ばされて見える。これをアインシュタインリングと呼ぶ。

直線が曲がる

こうした問題を解決するため，アインシュタインは3次元空間と時間が同一のもの（時空）であるという，4次元時空の考えを提唱した。（のちにアインシュタインはさらに多くの次元も考慮に入れた。）これはつまり，宇宙の姿はわたしたちの普通の理解とは大きく異なるということだ。たとえば，2点を結ぶ最短ルートは，いつも直線である。しかし，宇宙ではそうした直線は曲がっていたり，何回もねじれたりしているかもしれない。こうしたことが起きるのは，天体が空間を曲げるからであり，そうした曲がった空間では普通の空間のルールが通用しない。仮想的な巨大定規で曲がった時空にある曲がった直線の長さを測ろうとすると，その直線と定規はぴったり一致するはずだ。しかしこれは，ゆがんだ時空のせいで定規が曲げられているからにほかならない。

空間の曲がり方は，物体の質量によって異なる。太陽は地球よりも大きく空間をゆがめる。つまり「深い重力の井戸」を作りだす。地球が太陽に引っ張られるのは，この重力の井戸の中を転がっているからだ。地球の公転速度は十分に速いためその軌道を常に保つことができており，重力の井戸に完全に落ち込んでしまって地球が灼熱（しゃくねつ）の世界になってしまうことはない。こうした考え方は，重力がどのように働くかを可視化するよい方法といえる。ニュートンは，リンゴが重力の井戸に落ちていくのを目撃したのだ。

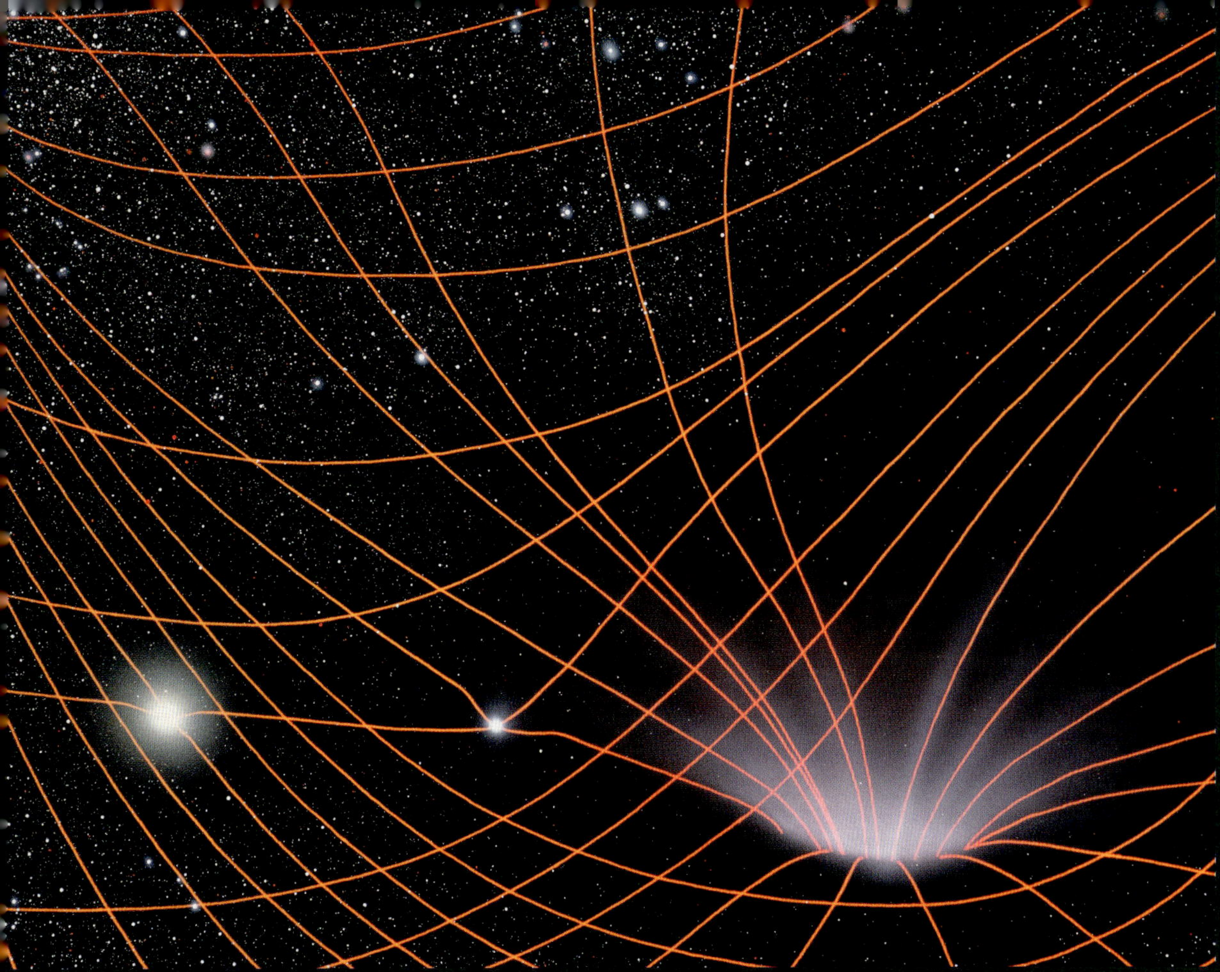

一般相対性理論によれば，すべての物体が空間をゆがめ，へこみを作る。ブラックホールという名前は，その重力の井戸が非常に深く暗いことからつけられた。ブラックホールを宇宙で見つけるのは難しい。その名のとおり，光らないからである。

アインシュタインの一般相対性理論は，風変わりに見える現象をも説明することができた。一般相対性理論によれば，地球から見て太陽のすぐ近くを通ってくる星の光は，太陽の重力によって曲げられ，位置がずれて見えるという。太陽の近くに星があってもふつうはまぶしい太陽光にさえぎられて見えないが，1919年，アーサー・エディントンは皆既日食中にこうした太陽のすぐ近くにある星の位置を測定した。彼の測定によれば，アインシュタインの理論のとおりだった。相対性理論は正しかったのである。

シュバルツシルトの発見

アインシュタインが一般相対性理論の仕上げに取りかかっていた1915年，一人の偉大な人物がエネルギー，質量，そして空間のあいだの関係式を発表した。彼の名はカール・シュバルツシルトである。彼は第一次世界大戦の戦火を逃れるあいだに，これらの関係式を使って脱出速度（重力の井戸から飛び出すのに必要な速度）が光速になってしまうような天体はどれくらいの大きさかを求めた。ラプラスのときとは違い，この時代にはどんな物体も光速以上の速度にはなれないことがわかっていた。のちにブラックホールと呼ばれるようになるこうした天体は，じつに不思議な存在である。そこを超えたどんな物体も二度と戻っては来られない仮想的な線を事象の地平線と呼び，その大きさをシュバルツシルト半径と呼ぶ。わたしたちがブラックホールの中を見ることができないのは，どんな物体も，情報でさえも，そこから出てこられないからである。しかし60年後，この不思議な天体の内部のようすがすこしだけ解明された。

カール・シュバルツシルトの計算結果は，シュバルツシルト半径として知られるようになった。ブラックホールという単語が作られたのは，これより後の1950年代になってからである。

56 宇宙に浮かぶ島

夜空に輝くものすべてが星というわけではない。ガリレオは，天の川が無数の星でできていることに気づいた。ウィリアム・ハーシェルはこの星々の分布が平たい円盤の形をしていることを観測で示し，わたしたちの太陽系が「天の川銀河」に属することを初めて明らかにした。しかし，天の川銀河の外にあるように見える天体たちが見つかるようになって，天文学者たちのあいだに一つの疑問が浮かんだ。天の川銀河のようなものは宇宙にたくさんあるのだろうか？

20世紀初頭，オランダの天文学者ヤコブス・カプタインは史上最大規模の天の川銀河観測を実行していた。カプタインは，天の川銀河が平らな円盤状で，中心部に膨らみがあり，外側に行くほど星がまばらになっていくような形をしていることを発見した。ハーシェルの推測からさらに考えを進め，カプタインはこの「島宇宙」の大きさを幅6万光年（のちにこの5倍であることが明らかになる），厚さ1万光年と見積もった。

暗黒の宇宙の中に輝く星の集団が一つだけある（そしてそこに偶然地球が含まれている）という考えは，人々にとってはたいへん魅力的なものであったが，天文学者はこの考えに疑問をもっていた。ずっと昔に生きたウィリアム・ハーシェルでさえ，いくつかの星雲はそれ自身が宇宙に浮かぶ「島宇宙」なのではないかと考えていた。ハーシェルは最終的にはこうした考えを捨ててしまったが，たとえばメシエの天体カタログの中にはそうした考えが生きているといえる。そこに掲載されたさまざまな形の星雲が同一の成因をもつとは考えにくいのだ。その後，アイルランド・パーソンズタウンの怪物望遠鏡による観測で，いくつかの星雲が天の川銀河と同じような渦を巻く円盤の形をしていることが明らかになった。こうした天体は天の川銀河の中にあるのか，それとも外にあるのか。この疑問に答えるには，さらに大きな望遠鏡が必要であった。

銀河の衝突

銀河の中に含まれる星々のあいだの距離は非常に大きく，銀河の中はとてもスカスカだといっていい。しかし銀河同士のあいだでは重力がはたらいており，その距離は縮んでいく。その結果，銀河は頻繁に衝突を起こし，合体して大きな銀河が作られる。マウス銀河と呼ばれる下の写真の銀河は，二つの銀河が合体しつつあるところであり，長い尻尾を伸ばしているように見えることからその名がつけられた。

エドウィン・ハッブルは，当時もっとも強力な望遠鏡を使うことができた。こうして彼は，宇宙には天の川銀河以外にも銀河があるということを観測によって示すことができた。

光と距離

1908年までに，15,000を超える星雲が観測されていた。これらの星雲は，大きく二つの種類に分けられる。天の川の近くに見える淡いかたまりと，いろいろな方向に見える円盤あるいは渦巻きの形をした天体である。こうした星雲の分光観測により，前者は温度の低いガスと変わった星たちでできているいっぽう，後者から来る光は個々の星の光とよく似ていた。

メシエ 81，あるいは「ボーデの銀河」と呼ばれる渦巻銀河。わたしたちから 1,200 万光年の距離にある。その中心には，太陽の 7,000 万倍の質量をもつブラックホールが存在する。

1917 年，パーソンズタウンの怪物望遠鏡を超える巨大望遠鏡がカリフォルニア州ウィルソン山に建設され，星雲観測の最前線におどり出た。この天文台のフッカー望遠鏡は直径 254 センチメートルの鏡を備え，30 年にわたって世界最大を誇った。フッカー望遠鏡が最初に観測した現象の一つは，いくつかの星雲に現れた新星（突然明るくなる星）である。こうした新星は，天の川の中に現れる新星よりもずっと暗かった。仮に新星がすべて同じ明るさだとするならば，新星が現れた星雲は数百万光年もの距離にあることになる。こうした考えは仮説の域を出なかったが，1924 年にウィルソン山天文台のエドウィン・ハッブルがメシエ 31，メシエ 33 のほかいくつかの円盤状星雲にセファイド型変光星を発見したことで，こうした星雲が天の川銀河よりもはるかに外側にあることがはっきりした。そしてこうした星雲は，天の川の中にある星雲とは別のもの，つまり天の川銀河の外に浮かぶ島宇宙，別の銀河だったのだ。

その後の研究により，銀河は群れて存在することがわかってきた。天の川銀河はアンドロメダ銀河やマゼラン雲，30 個の小さな銀河たちと「局部銀河群」を形成している。そして局部銀河群はほかの 100 個ほどの銀河団とあわせて「おとめ座超銀河団」を形作っているのだ。宇宙に存在する銀河の数は観測が進むにつれて増えてきている。控えめな見積もりでも，銀河の総数は 1,250 億にも及ぶ。

57 ロケットの父，ロバート・ゴダード

巨大な花火ともいえる固体燃料ロケットは，1,000年以上の歴史をもつ。しかし宇宙開発初期には，宇宙に到達するには液体燃料による大きな推力が必要だと考えられていた。そして液体燃料ロケットを実現するには，さまざまな技術的課題をクリアする必要があった。

1927年，最初期の液体燃料ロケットとロバート・ゴダード

宇宙を飛行するには，発射台から高層大気，真空の宇宙にいたるさまざまな環境で機能するエンジンが必要だ。外燃機関である蒸気機関や内燃機関であるガソリンエンジンは，空気を外部から取り入れることによって動く。このため，空気の薄い上空では動かなくなってしまう。燃料を燃やしエネルギーを取り出すには，空気中の酸素が必要なのだ。

いっぽう，液体燃料や固体燃料のロケットは空気中の酸素を必要としない。液体燃料ロケットは実際には2種類の燃料（推進剤と酸化剤）を搭載しており，この二つがまじりあうと爆発的に反応して高温かつ高速のガスが噴射される。このガス噴射はノズルから一方向に噴き出し，運動の法則によってロケットは前に進む。つまり，ロケットがガスを後ろに押し出すのと同時に，ガスがロケットを高速で前方へ進ませるのだ。液体燃料の場合，ロケット噴射を止めたりまた噴射させたりすることが可能であり，これはさまざまな宇宙探査にとって必須の技術になっている。

宇宙への夢

ロケットの父と呼ばれるロバート・ゴダードは，十代の頃に木登りをしながら，足元に広がる畑からロケットを打ち上げ，火星に到達することを夢想していたといわれている。そしてその17年後，1926年にゴダードは初めて液体燃料を使ったロケットを打ち上げた。その後のロケット打ち上げで，ゴダードは音速に迫る速度を出すロケットまでも開発した。ゴダードのロケットは，ガソリンと液体酸素（低温かつ高圧を保つことで，酸素を液体として搭載していた）で進むロケットだった。ゴダードの最初のロケット打ち上げは，雪の降るニューイングランドの畑で行われた。気温が低いために酸素を液体に保ちやすかったが，打ち上げ数秒後にはロケットノズルが燃えてしまい，ロケットはキャベツ畑に墜落した。ゴダードはロケットの改良を重ね，タンクから燃料をロケット下部の燃焼室に送るという設計を生み出した。これは現在のロケットの基礎になっている。

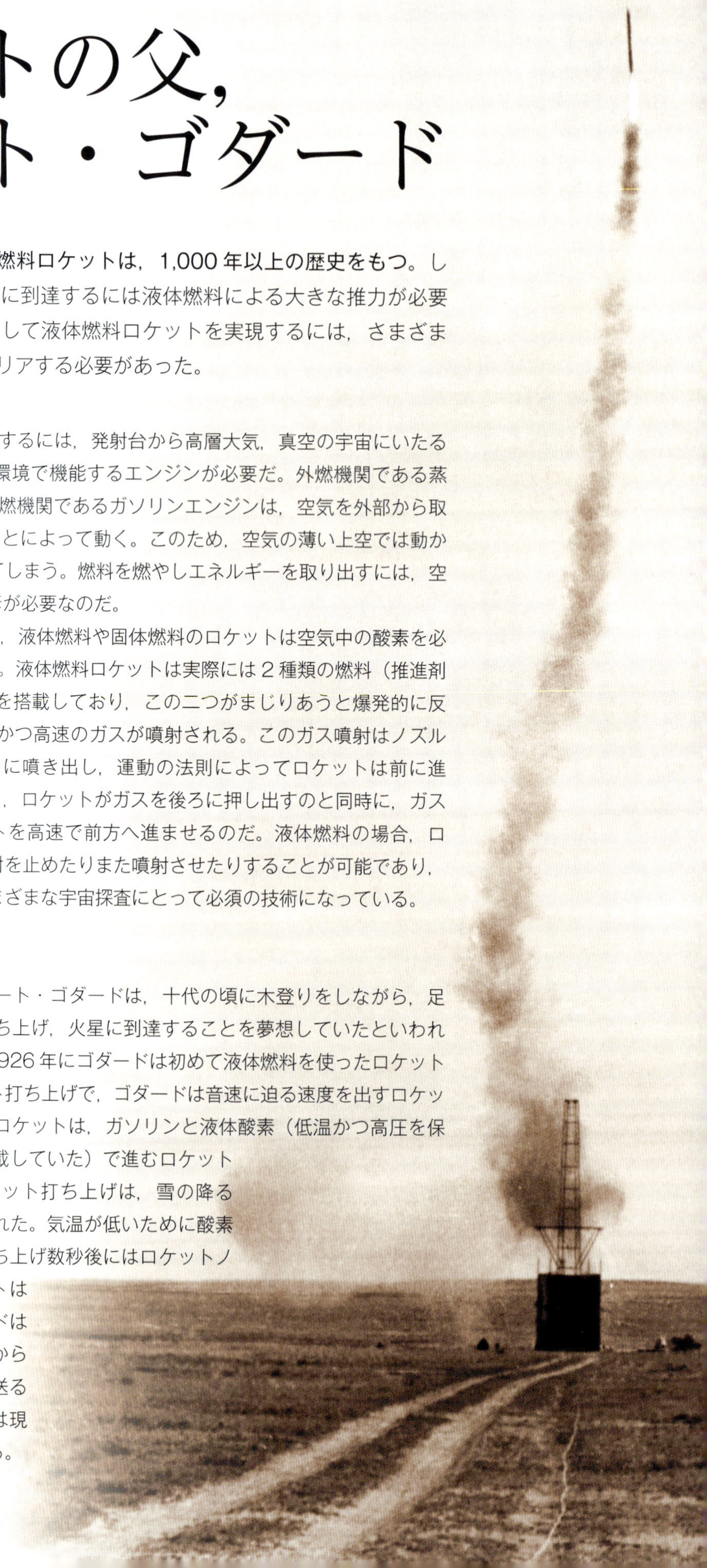

（右）1937年に行われた，ゴダードのロケット打ち上げ。ゴダード自身はロケットのことを「極限の高度に達する機体」と呼んでいたが，のちにほかの人が開発したロケットに性能面で追い越されてしまう。その一つが，ナチス・ドイツによって開発されたロケットだった。

58 膨張する宇宙

パトカーのサイレンや列車のベルが観測者の横を通り過ぎたときに，音の高さが変わる。これと似た現象が，星がわたしたちに近づいてきたり遠ざかっていったりするときに，星の色においても起きるのだ。1929 年，多くの天体がわたしたちから遠ざかっていることが判明した。

光のドップラー効果

わたしたちが見る光の色は，光の波長に対応している。赤い光は青い光より長い波長をもつ。もし物体が観測者から遠ざかる方向に動いていれば，物体から放たれる光の波長は引き伸ばされる。物体が観測者に近づく方向に動いていれば，光の波長は圧縮されて青く見えるようになる。

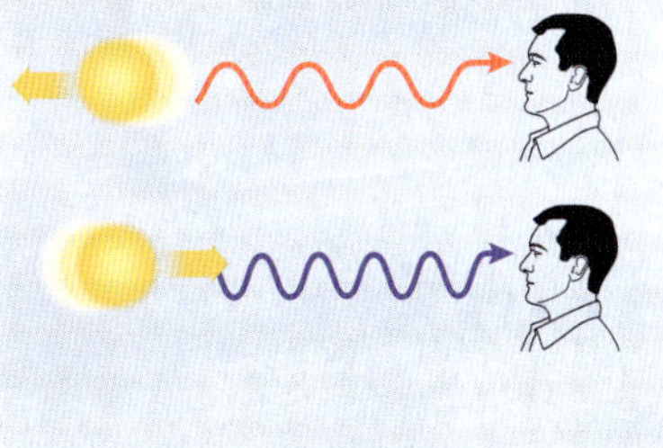

物体が出す音の高さが，その物体の観測者に対する動きによって変わるという現象は，ドップラー効果と呼ばれ，1840 年代から知られていた。その呼び名は，この現象を初めて提唱したオーストリア人の名前に由来する。天文学者であったクリスチャン・ドップラーは，高速で軌道運動する連星からの光で初めてこの現象を発見した。音の高さが変化する現象は現在のわたしたちにとっては日常的に出会うものだが，音よりも先に光でドップラー効果が発見されたというのは驚きである。

近づくアンドロメダ

1894 年，ヴェスト・スライファーはローウェル天文台の大望遠鏡をアンドロメダ星雲に向けた。スライファーの上司であったパーシヴァル・ローウェルは，こうした渦巻き状の星雲が，高温のガスと塵（ちり）の中で惑星系が生まれているところではないかと考えており，これを確かめるための観測を行っていた。スライファーは分光器を使って，岩石惑星が作られている証拠となる鉄やケイ素の輝線を探そうとしたのだ。観測の結果，スライファーは輝線が通常よりも短い波長に現れることに気がついた。これは，アンドロメダ星雲がわたしたちに近づいてくることによるドップラー効果であった。

すべてのものは動いている

20 年にわたる観測により，スライファーは局部銀河群より遠くにある銀河から来る光の波長が長くなっている（赤方偏移），つまりわたしたちから遠ざかっていることを発見した。その速度は秒速 1,800 キロメートルにもなる。1929 年，エドウィン・ハッブルは天体の赤方偏移が天体までの距離に比例することに気づいた。宇宙は時代とともに大きくなる，つまり膨張していたのだ。

〔宇宙膨張による赤方偏移は，厳密にはドップラー効果とは別の現象。天体が遠ざかることによるものではなく，空間そのものが膨張することによってその中を進む電磁波の波長が引き伸ばされることで起こるのが，宇宙膨張にともなう赤方偏移である。〕

エドウィン・ハッブルは，1920 年代後半にフッカー望遠鏡を用いて銀河の赤方偏移を観測した。254 センチメートルの大口径と標高 1,700 メートルのウィルソン山の澄んだ空のおかげで，フッカー望遠鏡は当時世界最高性能の望遠鏡として活躍していた。

59 最後の惑星？

1930年，ローウェル天文台は第9惑星の発見によって再び脚光を浴びることになった。海王星の軌道の乱れによって，未知の惑星が予言されていたのだ。

（左）ブリンク・コンパレーターを使うクライド・トンボー。ブリンク・コンパレーターは2枚の写真をすばやく切り替えて表示するための装置で，彼はこれを使って移動天体を探していた。

ローウェル天文台で未知の惑星の捜索が行われ始めたのは，1906年のことだ。パーシヴァル・ローウェルの死後，彼の妻コンスタンスと天文台スタッフは観測資金の扱いについて意見が一致せず，観測プロジェクトは1929年にいったん中断された。そして23歳の研究者クライド・トンボーがその観測を引き継ぐことになった。トンボーは2週間ごとに天体写真を撮って移動している天体を探すという研究を1年間にわたって続けた。1930年，探し続けた新惑星の発見は世界中で大きなニュースとなり，それと同時に新惑星の命名提案が山のように届けられるようになった（コンスタンス・ローウェルは，パーシヴァルかコンスタンスという名前をつけることを提案した）。けっきょく新惑星は冥界の王の名を取ってプルート（Pluto）（冥王星）と呼ばれることになった。この名を提案したのは英国の小学生であり，太陽から遠くで非常に冷たい世界であることにちなんだものだ。しかしそれから76年後，冥王星は惑星ではなく準惑星という新しい分類に収められることになった。

60 星の死

1930年代の終わり頃，白色矮星（わいせい）と呼ばれる超高温で小さな天体が注目を浴びていた。白色矮星の内部は，地球上よりも圧倒的に原子が密に詰まった状態にあることがわかっていたからだ。この不思議な天体の正体は，英国への長い航海の途中にあった一人のインド人天文学者の心をとらえて離さなかった。

スブラマニアン・チャンドラセカールは，「縮退した物体」でできた白色矮星は，星の一生の最後の姿だと考えていた。白色矮星は，自身の強大な重力によって超高密度な天体に「つぶれて」いるのだ。白色矮星に含まれる原子は，通常の化学結合でつながっているのではない。原子に含まれる電子の反発力によって，重力でつぶれてしまうのをやっと耐えている状態だ。太陽と同じ質量をもつ白色矮星は地球とほぼ同じ大きさしかない。そしてより重い白色矮星は，不思議なことにそれよりも小さい。

チャンドラセカールは，どれくらいの質量になると電子の反発力で星を支えられなくなるかを計算した。答えは，太陽の1.4倍であった。1931年にチャンドラセカールはこの結果を発表し，この値は「チャンドラセカール限界質量」として知られるようになった。同時に，これよりも質量の大きな星はどうなるのかという議論も巻き起こった。

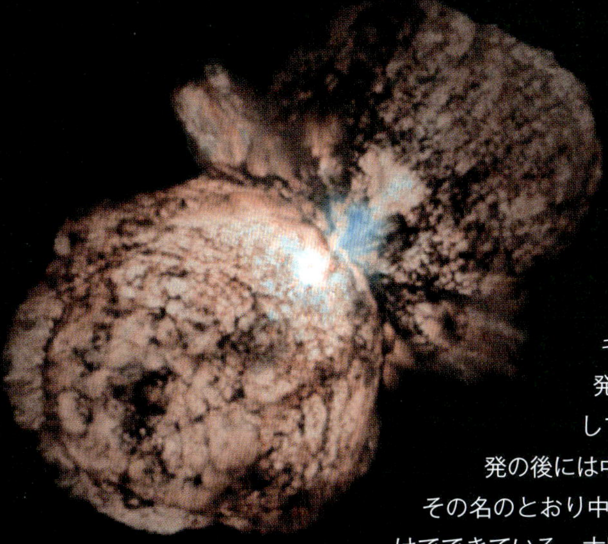

超新星と中性子星

チャンドラセカール限界質量よりも質量の大きな天体の末路として，ブラックホールが想定された。しかし，ブラックホールの存在は計算では予言されていたものの，まったくの仮説の状態であった。さらに，理論計算に基づけばブラックホールになるのは太陽の10倍以上の星とされていたが，ではその中間の質量の星はどうなってしまうのだろうか？　1934年，フリッツ・ツビッキーとウォルター・バーデは大質量の星が超新星爆発と呼ばれる巨大な爆発で死を迎えると提唱した。そして二人は，こうした爆発が宇宙線の起源であり，爆発の後には中性子星という天体ができると考えた。中性子星は，その名のとおり中性子（この前年に発見された，原子の構成粒子）だけでできている。太陽と同じ質量をもつ中性子星の大きさは，直径わずか12キロメートルしかない。バーデとツビッキーは広視野望遠鏡を使って数十の超新星爆発を発見したが，中性子星が見つかったのはその20～30年後であった。

（左）ツビッキーとバーデの理論は，巨大な星はその強大な重力によって原子が純粋な中性子のかたまりにまでつぶされてしまうというものだった。これによって，ばく大な量のエネルギーが放出され，これは新しい星ができたように見える。しかし新星と呼ばれる星よりもずっと明るいため，超新星という名がつけられた。このりゅうこつ座エータ星は，近い将来，超新星爆発を起こすのではないかと考えられている。

61 ダークマター

宇宙のほとんどの物質の正体は，わかっていない。1932年，ヤン・オールトは天の川銀河の回転がその中に含まれる物質の重力から期待されるものよりもずっと速いことを発見した。フリッツ・ツビッキーは系外銀河でも同様のことが起きていることを発見し，見えない物質をダークマターと呼んだ。

ツビッキーは，何もないように見える空間は実際には空っぽではなく，光を出さない（つまり直接見えない）何かが存在すると考えた。しかしその「何か」は重力だけは及ぼすという。このダークマターに注目する研究者は40年間ほとんどいなかったが，1970年代についに，ダークマターの質量が重力レンズによって測定された。ダークマターの質量によって，空間がどれくらいゆがめられているかが測定されたのだ。その結果によれば，普通の物質の5倍もの量のダークマターが存在するという。ダークマターの正体としては，2種類のものが提案されている。一つはWIMPs（Weakly Interacting Massive Particlesの略）と総称される，質量をもつが検出器では検出できない粒子だ。そしてもう一つはMACHOs（Massive Astrophysical Compact Halo Objectsの略）と総称され，ブラックホールや中性子星，褐色矮星（わいせい）など暗くて見えない天体のことだ。

わたしたちの見ることができないダークマター。正体は一体何なのだろうか？

62 太陽のエネルギー

太陽が熱と光を与えてくれるからこそ，地球上で生命が繁栄できる。しかしこれほど重要な天体にもかかわらず，太陽のエネルギーの源が理解されたのは，1920 年代に量子力学が発展してからのことであった。今では，太陽はごく普通の恒星であることもわかった。

ずっと昔から，太陽の光は白いと考えられてきた。これはニュートンが示したように，すべての色の光が含まれているからだ。1800 年ウィリアム・ハーシェルは，ニュートンが行ったのと同じく光を色に分ける実験を行った。ニュートンの時代にはな

太陽は，主に水素からなる巨大なプラズマの球である。太陽の直径は約 170 万キロメートルと地球に比べると大きいが，星としてはごく平均的な大きさである。太陽はごくわずかずつ質量をエネルギーに変換している。太陽は，毎秒 400 万トンずつ軽くなっているのだ。

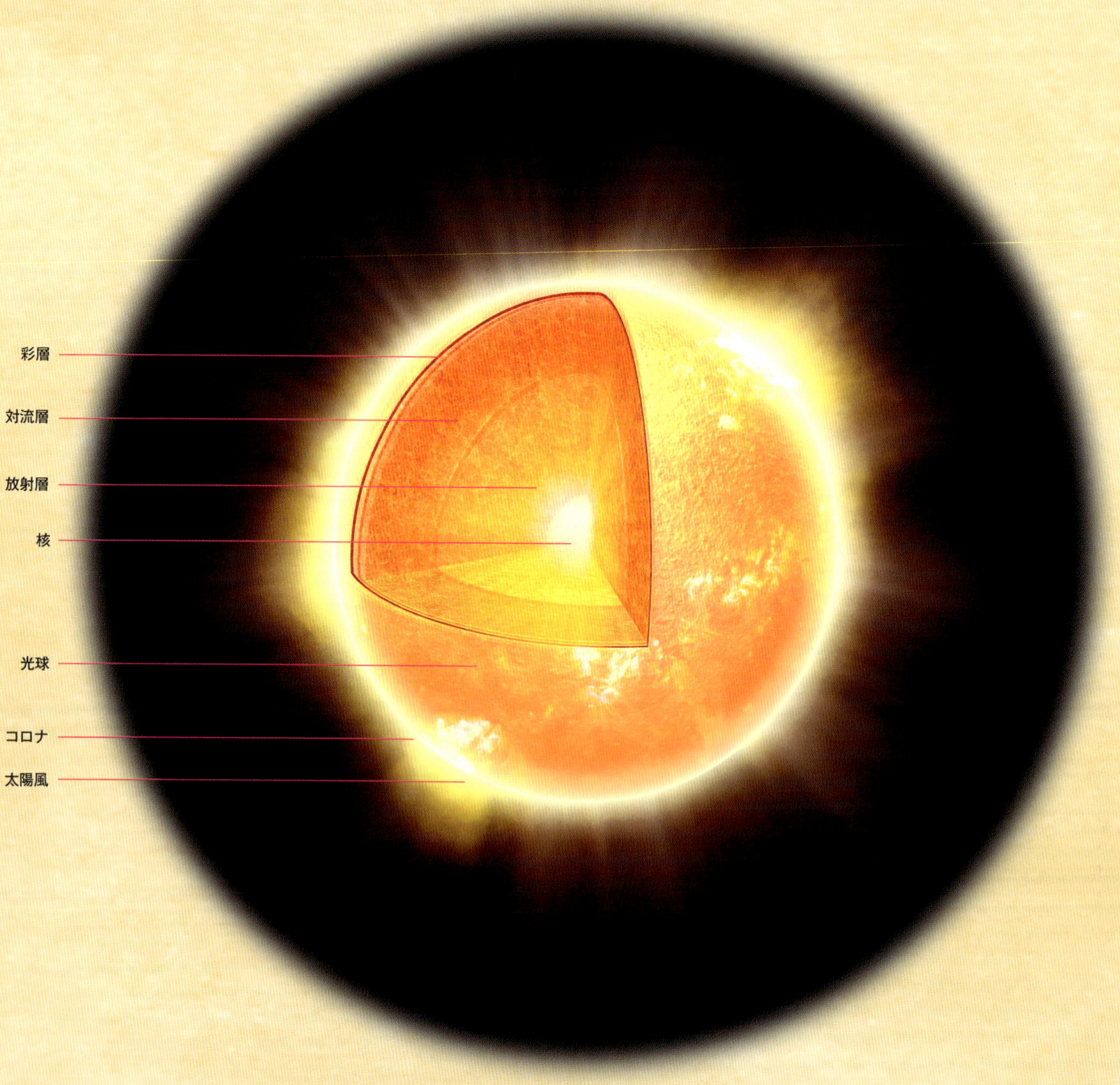

かった水銀温度計を用いて，太陽光による温度上昇にどの色がいちばん寄与しているのかを調べようとしていたのだ。しかし答えは意外なものだった。もっとも温度上昇が大きかったのは，赤の隣の何も色のついていない場所だった。人間には見えない「赤外線」が太陽からの熱を伝えていたのだ。

熱いところから冷たいところへ

エネルギーのふるまいを記述する熱力学の法則によれば，熱エネルギーは常に熱いところから冷たいところに流れようとする。そして，太陽はもちろん熱い。1850 年代，太陽は熱い液体でできていると考えられていた。熱力学の第一人者であるケルビン卿も，太陽を形作る液体の巨大な重力エネルギーが放射に変換されることで，太陽が輝いていると考えていた。

20 世紀になり，核物理学の祖であるアーネスト・ラザフォードは，太陽の熱は内部の放射性元素によるものではないかと考えた。そして 1920 年代に，英国の天文学者アーサー・エディントンがこの論争に加わった。エディントンはアインシュタインの相対性理論を証明したとして（彼の結果は実はすこしまちがっていたが，歴史上ではさほど重要視されていない）その頃一世を風靡（ふうび）していた。エディントンは，太陽の中の原子はたいへんな力を受けているために電子が引きはがされてしまい，これによって太陽は高温プラズマの球になっていると考えた。

核融合反応

水素原子の構造は単純だ。負の電荷をもつ電子が正の電荷をもつ陽子のまわりを回っている。プラズマ状態の星の内部では，原子は互いにはげしく衝突することによって陽子と電子は引きはがされている。ふつうの状態では，陽子がもつ正の電荷によって陽子同士は反発しあうが，星の中心部では高い圧力のために陽子同士がくっつくことがある。しかし陽子二つがつながってヘリウム原子ができる，というほど単純なプロセスではなく，いくつもの段階を経て核融合反応が進んでいく。まず，陽子は中性子（陽子と同じくらいのサイズだが電荷をもたない粒子）と結びついて，重水素をつくる。この重水素が二つつながることによって，陽子二つと中性子二つからなるヘリウム原子核ができるのだ。では中性子はどこから来たのだろう？　実は，二つの水素原子核（＝陽子）が融合すると一つの陽子がわずかにエネルギーを失って中性子になる。このエネルギー（質量）の欠損分が光子の放射と不思議な粒子ニュートリノに変換されるのだ。ニュートリノは非常にありふれた粒子だが，検出がとても難しい粒子でもある。

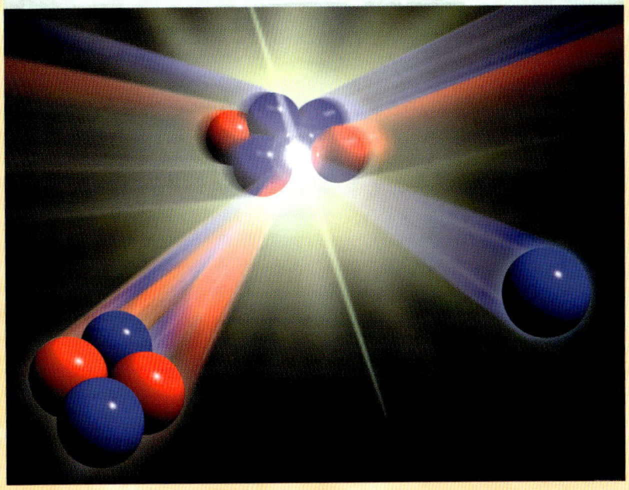

ぎゅうぎゅうの中心部

太陽表面で見つかったヘリウムという元素は，のちに水素に次いで軽いガスであることがわかった。エディントンは，ヘリウムは水素原子が結合することによってできたもので，この核融合反応が太陽の熱と光の源だと考えた。その頃，星のスペクトル分析では金属元素が多く見られていたため，星の主成分は金属だと考えられていた。1925 年，セシリア・ペインは，星の中には地球よりもずっと大量の水素やヘリウムが含まれていることを示した。そして 1939 年，ドイツの物理学者ハンス・ベーテがついに核融合反応による元素変換を突きとめた。

核融合反応には，太陽中心部のような超高圧が必要である。ここで起きた核融合反応によって発生したエネルギーは周囲に広がり，散乱されながら太陽全体に広がる。中心部を出発して数千年後，エネルギーは対流層に到達する。ここからは熱いプラズマガスの対流によって表面に運ばれていく。ここでようやくエネルギーは熱と光になって太陽表面から宇宙に放たれる。そして 8 分後に地球に到着するのだ。

63 宇宙爆弾

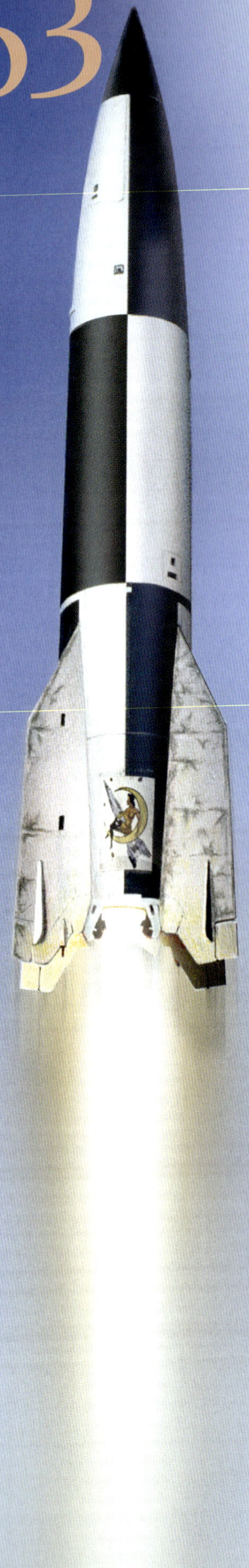

驚くことではないかもしれないが，地球の大気を飛び出した最初の人工物はミサイルだった。ミサイルは破壊目標に到達する途中でいったん宇宙に飛び出すのだ。

ロケット技術の先駆者たちは宇宙飛行を夢見ながらも，その技術は戦争の道具として使われることになった。1930年代，戦争の足音とともに新しい技術で新しい兵器を開発するという機運が盛り上がっていたからだ。ソ連のロケット技術者セルゲイ・コロリョフはスターリンによって冤罪で投獄されてしまったため，ソ連のミサイル技術の進展は大きく遅れることになった。米国のロバート・ゴダードは液体燃料ロケットで世界をリードしていたが，米国陸軍はこれを積極的に兵器利用しようとは考えていなかった。代わりに固体燃料ロケットの開発が安価で効果的な兵器として進められた。

最終兵器

ドイツの若いロケット技師ウェルナー・フォン・ブラウンの考えは，米国陸軍とは対照的だった。フォン・ブラウンは，ゴダードと並ぶ液体燃料ロケットの第一人者であるヘルマン・オーベルトの助手としてロケット技師のキャリアをスタートさせた。しかも，フォン・ブラウンの師はオーベルトだけではなかった。1939年，当時のトップレベルの科学者たちと同じくナチスに参加したフォン・ブラウンは，ゴダードと頻繁にやり取りをしており，特にロケットの操舵と冷却システムについての知見を受け取っていた。

ロケットの開発にはばく大な予算が必要であったために多くの国は参入できなかったが，強制収容所に捕らえられた人を使うことができたドイツにとっては，費用は大きな障害にはならなかった。第二次世界大戦が起こると，ヒトラーは敵国の中心地を空から攻撃できる最終兵器の開発に力を入れた。最初の兵器はV-1と呼ばれ，ジェットエンジンと爆薬が搭載された無人飛行機だった。V-1はあらかじめ設定した時間飛行したのちに目的地に落下する仕組みになっていた。しかしV-1は対空兵器に攻撃されやすかったため，V-2ロケットが開発された。V-2ロケットは長さが14メートルあり，100キロメートル以上の高度を飛行することで320キロメートルという長い射程を実現していた。音速の4倍という非常に速いスピードで目標に接近するため，当時の防空システムではまったく歯が立たなかった。

V-2ロケットが初めて宇宙に到達したのは，1944年のことであった。そしてその後すぐV-2は実戦に投入され，英国，フランス，ベルギーの爆撃に使われた。こうした国々に対してヒトラーの恐ろしさを知らしめるという目的ではV-2は非常に効果的だったが，実際の効果はそれほど高くなかった。V-2ロケットで殺せる人の数は，平均すると一発につき二人にすぎなかったのだ。

（左）V-2ロケットは非常に高価な兵器で，その開発費はマンハッタンプロジェクトにおける原子爆弾の開発費を超えていた。戦後，潜水艦から発射できるV-2ロケットが開発されていたことがわかった。これは米国本土の攻撃を狙っていたものだった。

64 ロケットマン

ベル X-1 は翼のついた弾丸のような形をした，音速を超えるためだけに開発された飛行機だった。人間は，そんなスピードでも生きていられるのだろうか？
実現には長い時間がかかったが，1947 年，チャック・イェーガーが初めて音速を超えたパイロットとなった。イェーガーが無事に帰還したことで，有人ロケットへの道が開いたのだ。

音速を超えた歴史的な飛行の後，イェーガーは彼の妻の名前をとって「グラマラス・グレニス」という名前をベル X-1 に与えた。

ベル X-1 は翼とコクピットがついた液体燃料ロケットといってもいいかもしれない。すこし時代をさかのぼって 1928 年には，ドイツ人アレクサンダー・リピッシュが二つの固体燃料ロケットエンジンをつけたグライダーを設計していた。また液体燃料ロケットエンジンを搭載した戦闘機 Me-163 コメットが，第二次世界大戦の終わり頃には飛行に成功していた。Me-163 コメットはリピッシュが設計した機体と似た構造をしており，現代の旅客機とほぼ同じ時速 970 キロメートルで飛ぶことができた。しかしこの機体を飛ばすのは非常に難しく，燃費もきわめて悪く，そして頻繁に爆発事故を起こしていた。

空気を押す

ベル X-1 のパイロットたちは，もちろんその危険を理解していた。その平らな翼は高速域では効果的に空気を切り裂くことができたが，低速で飛行させるのはとても難しいため，ベル X-1 は自力で離陸できない。そのため専用飛行機に搭載された状態で離陸し，そこから切り離された後でロケットエンジンを点火することになっていた。

この機体の飛行試験は，米国軍と国家航空宇宙諮問委員会（NACA，のちの NASA）からの委託を受けてベル社が行っていた。試験ではパイロットたちは，機体の状態を確認しながらしだいに速度と高度を上げていった。1947 年 10 月までに音速の壁に挑む準備が整い，イェーガーにその大役が任された。これは，未知への飛行であった。音速領域で機体の操作ができるかどうかさえわかっていなかったのだ。イェーガーは飛行を成功させ，衝撃波の発生を耳で確認するとともにもっとも速い速度で飛行した人間となった。あとに続く X プレーンは速度や高度の記録をさらに塗り替えていき，宇宙に肉薄していった。このプロジェクトのパイロットたちは飛行服を宇宙服に着替え，最初の宇宙飛行士となっていった。

65 ビッグバン

もし宇宙が時間とともに膨張しているのだとしたら，昔の宇宙は今よりずっと小さかったはずだ。つまり時間をどんどん巻き戻していくと，宇宙は1点に向かってどんどん縮んでいくということになる。これは宇宙の始まりを意味するのだろうか？

17世紀英国の聖職者リチャード・ベントレーは，「宇宙のすべてのものは重力で引き合っている」というニュートンの説を本人に確認するよう教会からいわれていた。ベントレーは，もし宇宙の大きさが有限で安定であるならば，なぜ重力が宇宙のすべてのものを引きつけて最終的につぶれてしまわないのか，という問いを発した。ニュートンは，宇宙は無限に広がっているから安定しているのだ，と答えた。

静的ではなく動的

その250年後，アルベルト・アインシュタインは有限であれ無限であれ安定した宇宙のモデルを作ろうとしたが，満足のいくものはできなかった。アインシュタインの後を継いだ研究者たちは，安定な宇宙ではなく広がっていく宇宙か縮んでいく宇宙のどちらかしかありえないという結論に達した。ベルギー出身の聖職者であり一流の物理学者でもあったジョルジュ・ルメートルも，そうした研究者の一人だった。縮んでいく宇宙では現在までに完全につぶれてしまうので，ありそうもない。1929年にハッブルによって発見された宇宙膨張の証拠を考えあわせ，ルメートルは大爆発で始まった動的な宇宙を考案した。理論的な考えと空想を取り交ぜて，ルメートルは原始的な一つの原子がバラバラに分裂することで今の宇宙ができたのではないかと考えた。宇宙は遠い昔に1点から生まれ，そして広がってきたというのだ。

この考えには，賛同する者も反対する者もいた。反対する研究者の一人は天文学者フレッド・ホイルだった。彼は大爆発で宇宙が始まったという説をからかって「ビッグバン」という名をつけた。ホイル自身は宇宙が広がるとともにどこからともなく物体が湧き出してきて宇宙が安定的に存在するという説を提唱していた。

1948年，アルファ，ベーテ，ガモフ（ギリシア語のアルファベットの最初の3文字，アルファ，ベータ，ガンマのごろ合わせになっている）の三人により，原始的な元素が融合する反応を経てより複雑で重い元素ができたとする論文が発表された。この元素合成のプロセスは，高温高密度だった宇宙が広がって低温低密度になっていくのと同時に進んだ。では，こうした活動的な宇宙の証拠はあるのだろうか？　その答えは理論研究の進展と望遠鏡技術の発展が教えてくれる。

ビッグバンはよく巨大な爆発でたとえられる。このため多くの人は暗黒の中の1点から光が広がっていくような姿を想像するだろう。しかしビッグバンの大爆発は空間のあらゆる場所で同時に起きたのだ。ビッグバンのときには，すべての空間が1点に集まっていたのだから。

66 原子の工場

太陽系の質量の99パーセントは太陽に集中しており，その大部分は水素とヘリウムのプラズマからなっている。しかし地球では，こうした元素はきわめて微量しか存在しない。その代わりに，酸素や炭素，鉄といったより重くて複雑な原子が豊富に存在している。ではこうした物質はどのようにしてできたのだろうか？

ビッグバンでは原子は作られない。すくなくとも最初の瞬間には。生まれたばかりの宇宙が超高温で沸き立っていた頃には，質量とエネルギーはまだ分かれていなかった。宇宙が膨張するにつれて物体は拡散し温度は下がり，クォークや電子といった原子の構成要素，あるいは雑多な粒子が生み出された。あるものは電荷をもち，あるものは中性で，またあるものは「フレーバー（香り）」すらももっていた。（ただしこれは専門用語であり，実際に香りがあるわけではない。）

こうして物質が生みだされるのと同時に，逆の性質をもつ陽電子や反クォークといった反粒子もまた生みだされていた。物質と反物質は出会うと対消滅し，光を放つ。もちろん，すべての物質が対消滅で消えてしまったわけではない。その理由は現在でもまだ完全に明らかにはなっていないが，反物質よりも物質がわずかに多かったために現在の宇宙は物質で満たされることになった。太陽，惑星，あなたもわたしも，そして数多くのほかの惑星系も物質でできている。（宇宙の中には反物質だけでできた領域もあるかもしれないが，これまでの観測ではそのような場所は見つかっていない。）

粒子加速器

星の中での核融合反応理論が確立するより前に，実際にこうした元素合成が起きるかどうか粒子をぶつけて確かめる実験が行われた。原子核同士をぶつけるためには，強力な電場を作りだす必要があった。こうした装置は加速器と呼ばれ，そのもっとも初期のものはサイクロトロンと呼ばれた。サイクロトロンの中では，軽い原子核がらせん状の運動をしながら加速され，重い元素でできたターゲットに衝突する仕組みになっていた。初めての人工合成元素はこうして作られたのである。下の写真は1947年に作られた線形加速器であり，この中では粒子は直線状に加速される。こうした装置は現在では医療用の放射線を作りだすためにも用いられている。

1940年代後半，フレッド・ホイルは若い銀河よりも年老いた銀河の中で重い元素が多く存在していることを発見した。このことは，すべての元素がビッグバンで作られたわけではないという考えにつながっていった。

はじめは単純

対消滅の時期（10秒以内）が終わると，残された粒子によって原子が作られた。クォークが三つ集まって陽子ができた。その37万年後には宇宙の温度はじょじょに下がり，正の電荷をもつ陽子と負の電荷をもつ電子が結合するようになった。一つの陽子が一つの電子と結合することで，最初の原子である水素が作られた。それでもまだ十分に熱い宇宙の中では水素原子核が融合してヘリウム原子核が作られた。このときに作られた水素原子核は宇宙のあらゆるところに広がっている。今日（こんにち）宇宙にあるすべての原子のうちのじつに4分の3は，ビッグバンで作られた水素である。

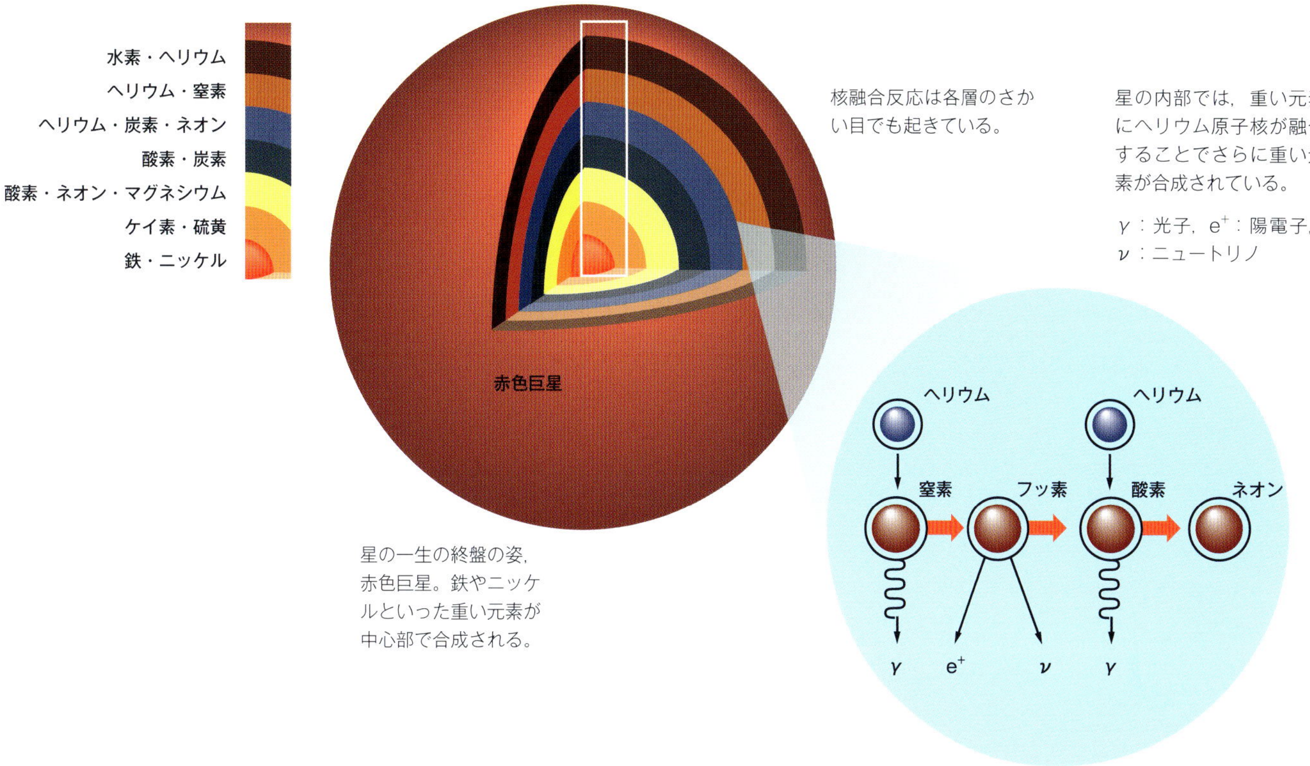

星の一生の終盤の姿，赤色巨星。鉄やニッケルといった重い元素が中心部で合成される。

星の内部

その後数億年にわたって，水素のガスは重力で引きつけ合い，巨大な球となって内部では温度が上がり核融合反応が進み始める。宇宙で最初の星の誕生である。1950年代，四人の宇宙物理学者からなる研究チームが，星の内部でどんなことが起きているかを研究し始めた。ジェフリー・バーベッジ，マーガレット・バーベッジ，ウィリアム・ファウラー，そしてフレッド・ホイルの四人は，その頭文字を取って B^2FH と呼ばれ，核兵器研究のために作られたコンピュータシミュレーションを流用して星の内部のようすを計算した。この研究を通して彼らは元素合成の基礎を構築した。これにより，水素やヘリウムよりも重い元素は星の中で生まれたことがわかった。

星の内部での水素はいつまでも燃え続けるわけではなく，水素を使い尽くすとヘリウムのプラズマができてくる。ヘリウム原子核は水素原子核よりもおよそ4倍重いため，星の中心部にはヘリウム原子核が蓄積されることになる。そして残った水素はヘリウムの中心核のまわりで核融合反応を続ける。その結果，星の中心核はより重くより高温になっていき，星自身も大きく膨らんで赤色巨星となる。この星は主系列星よりも数百倍大きく，また低温になるために赤く見える。すべての星がゆくゆくはこうした姿になると考えられる。太陽も，およそ50億年後には赤色巨星に進化するだろう。

赤色巨星の中心核では，三つのヘリウム原子核が融合して炭素原子核が作られる。ヘリウムが使い尽くされると，炭素原子核から酸素，ナトリウム，ネオンが作られ，そこから鉄やニッケルまでの重い元素が合成される。ほとんどの星では核融合反応はここで終わりを迎え，星の中心部は熱い白色矮星（わいせい）となって星は一生を終える。しかし超巨星は超新星爆発を起こし，その際の爆発のエネルギーによって金や水銀，ウランといったさらに重い元素が構成される。歌の歌詞にあるように，「わたしたちは星屑でできている」のである。

67 スプートニク

1957年の国際地球観測年は，米国とソ連だけでなく世界中の研究者が協力することで冷戦の解消を目指したものだった。しかし結果的には新たな火種を作ることになってしまった。宇宙空間の覇権争いである。

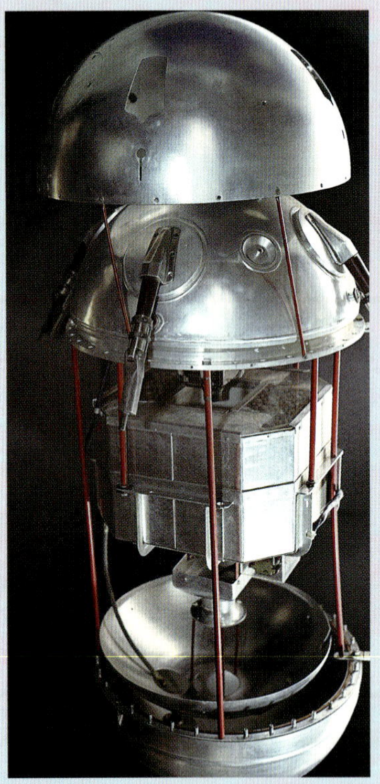

スプートニク1号のレプリカ。実物は軌道上に3カ月とどまったのちに大気圏に突入して燃え尽きてしまったが，レプリカでは58センチメートルの球の中のようすがよくわかる。バッテリーは22日間にわたって電気を供給し続け，それによって温度データが地球に送られた。

1957年10月4日，ソ連の中央部にあるバイコヌール宇宙基地の第1番発射台から1基のロケットが打ち上げられた。数分後，人類初の人工衛星が地球を回る軌道に載せられた。この人工衛星はスプートニク1号と呼ばれた。スプートニクという語はロシア語で衛星を意味するが，「付随するもの」と訳されることもある。スプートニク1号の重さは80キログラムで，地上483キロメートルの高さを90分で地球1周する軌道をもっていた。そして衛星の存在を誇示するかのように，アマチュア無線でも受信できる信号を発していた。スプートニク1号の軌道が安定すると，ロシアの通信社タスはこのニュースを世界中に配信した。

宇宙レースの号砲

西側諸国がスプートニク1号から受け取ったのは，単なる信号ではなかった。ソ連のロケットミサイル技術が世界でもっとも強力かつ信頼性のあるもので，人工衛星を軌道に載せられるということは核弾頭を世界のどこにでも打ち込むことができる，というメッセージだったのだ。米国航空諮問委員会(NACA)はスプートニクを追尾する装置をもっておらず，アマチュア天文家を動員してその軌道を追いかけさせた。スプートニクの設計者であるセルゲイ・コロリョフは，スプートニクを打ち上げたロケットの一部も地球を回る軌道に乗せた。これはスプートニクのすぐ前を飛んでおり，夜明けや夕方には太陽光を反射して明るく見えた。

米国は，1958年1月に海軍のミサイルで人工衛星エクスプローラー1号を打ち上げて国際地球観測年に参加した。まもなくNACAは米国航空宇宙局（NASA）に再編され，宇宙レースでソ連に追いつくという大きな使命が与えられた。

宇宙での科学研究

スプートニク1号は機体の温度を測定する程度しか科学研究に資することを行わなかったが，エクスプローラー1号はいくつかの新発見を成し遂げた。エクスプローラー1号は重さ14キログラムと小さなものだったが，宇宙線検出器を搭載していた。この観測装置は，特定の狭い領域でだけ宇宙線を検出しほとんどの領域では宇宙線を検出することができなかったため，当初は故障しているのではないかと疑われていた。しかしこれは実は，地球の磁場が宇宙線を掃き集めているというジェイムズ・ヴァン・アレンの予測と一致したものだった。ヴァン・アレン帯によって太陽風は両極に集められ，オーロラが作られる。

68 宇宙に行った動物たち

宇宙開発が進むにつれ，人間を宇宙に送りたいという願いはしだいに強くなっていった。しかし勇敢な宇宙飛行士が宇宙に向かう前に，動物が宇宙に送られた。

宇宙開発競争の黎明（れいめい）期，人間を宇宙に送る障害となるような未知の事柄がいくつも残っていた。たとえば，地球を回る軌道に宇宙船を載せるために必要な速度は音速の数倍にもなる。人間の体はそれほど大きな加速に耐えられるのだろうか？　宇宙にたどり着いたとしても，宇宙放射線や極端な温度変化は宇宙飛行士の生命を危険にさらすかもしれない。また地球に戻ってくるときの大気との摩擦で黒焦げになってしまうかもしれない。もちろん，ロケット自体が爆発してしまう危険もあるだろう。

宇宙に初めて到達した動物は，アルバートと名づけられたサルだった。アルバートは，米軍がドイツから接収したV-2ロケットで打ち上げられた。1948年から49年にかけていくつもの実験が行われたが，どのサルも生きて地球に戻ってくることはできなかった。アルバート1世は高度63キロメートルまで到達したが（宇宙とは高度100キロメートル以上のことを指す），窒息死してしまった。アルバート2世は高度134キロメートルに到達し，そのときには元気だったものの着陸用パラシュートが開かずに地面に激突してしまった。アルバート3世，4世は，アルバート2世の高度記録を破ることはできなかった。

宇宙に行って無事に地球に戻ってきた最初の動物は，1951年に打ち上げられたデジクとツィガンと名づけられた2頭のロシア犬だった。またライカと名づけられた犬が1957年にスプートニク2号に載せられ，初めて軌道を周回した。もともとライカを地球に帰還させる計画はなかったが，ライカは6時間にわたって軌道上で生き続けた。1960年にスプートニク5号で打ち上げられたストレルカとベルカは，幸運にも無傷で地球に帰還した。NASAは1961年，ハムと名づけたチンパンジーを乗せてマーキュリー宇宙船の試験を行った。ハムは宇宙船内の空気が抜けても生きていけるように，宇宙服を着せられていた。こうして，人間が宇宙へ飛び出すという大きな一歩を記す準備が整った。

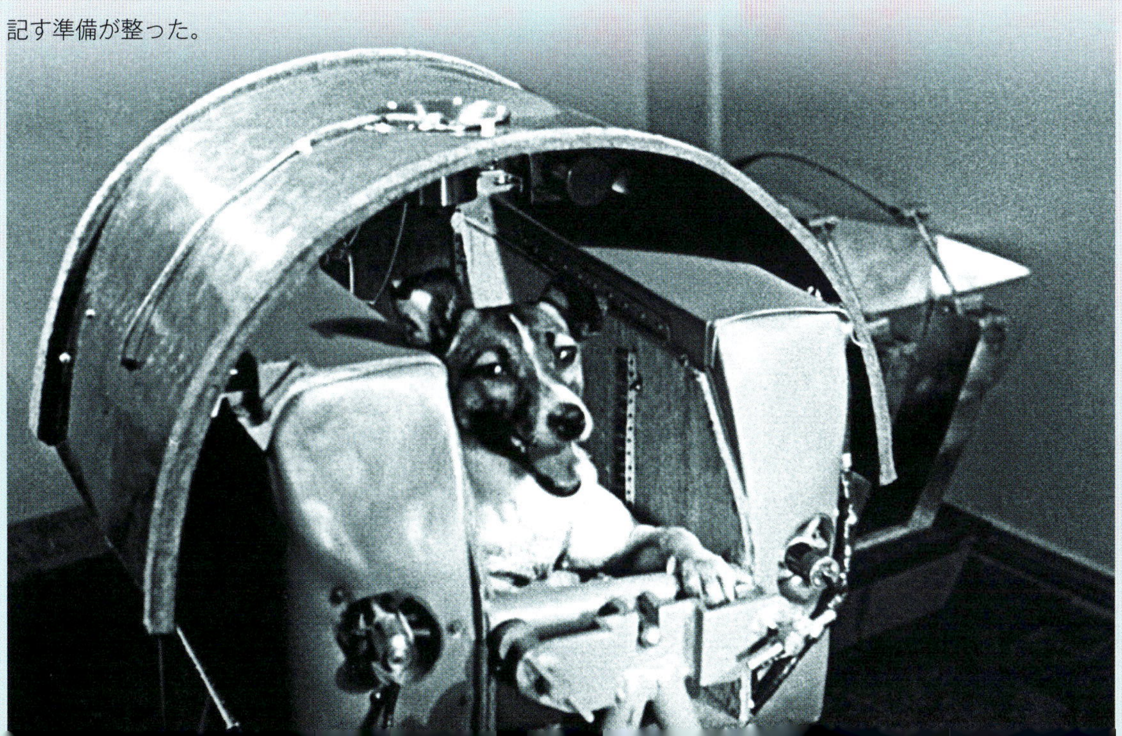

ロシア語で「吠える」を意味する名であるライカは，その悲運に同情した西側のコメンテーターによって「ムトニク」というニックネームをつけられた。ライカの体には多くのセンサーが取り付けられており，無重力状態でライカの体がどのように反応するかが調べられた。苦しまずに命を断てるように毒入りのエサが備え付けられていたが，不幸にも生命維持装置が故障したことによる高温によってライカは死んでしまった。

69 宇宙ダイバー

有人飛行機の飛行高度記録はどんどん上昇し，宇宙に近づいていった。これに合わせて，特殊な飛行服が開発された。宇宙服の原型である。そして 1960 年，一人の男が宇宙服をテストするために空へ舞い上がった。

（右）自動カメラによってとらえられた，世界最高のダイビングに飛び出すジョー・キッティンジャー。キッティンジャーは 4 分 36 秒にわたって自由落下を行い，最高速度は時速 982 キロメートルに達した。これはジェット旅客機並みの速度である。彼が身につけていたパラシュートは，制御不能な高速回転を防ぐように新しく設計されたものだった。

真空の空間に飛び出すと血液が沸騰してしまうと一般には信じられているが，実際にはそうはならない。宇宙空間では，むしろ低温のために体が凍りついてしまうのだ。15 秒間真空にさらされると人間は意識を失い，体は元の 2 倍の大きさに膨らんでしまう。1960 年，米国空軍のパイロット，ジョー・キッティンジャーはヘリウム気球に乗って高度 31 キロメートルまで上昇した。この高度はまだ宇宙とはいえないが，大気はほとんど真空であるため，キッティンジャーは気圧が保たれるように作られた宇宙服の試作品を身につけていた。しかし気密の破れにより，彼は右手の自由を失った。キッティンジャーが家に帰る方法は，気球に取り付けたゴンドラから単に飛び降りるだけであった。この大ジャンプは今でも世界記録となっている。〔2012 年に行われたダイビングプロジェクト「レッドブル・ストラトス」にて，フェリックス・バウムガートナーが高度 39 キロメートルからのダイビングを成功させ，キッティンジャーの最高高度記録と最高落下速度記録が破られた。〕

70 宇宙を目指す競争

ほかの国が人工衛星を打ち上げられるようになっても，人間を宇宙に送ろうとしていたのは冷戦を引っ張る二つの大国だけであった。スプートニク 1 号の衝撃を受けて，有人宇宙飛行の先陣争いは熾烈（しれつ）なものになっていった。

1959 年までに，ソ連と米国はそれぞれ有人宇宙飛行計画を練り上げていった。ソ連の計画はボストークと名づけられ，いっぽう米国のものはマーキュリー計画と呼ばれた。いずれの計画でも，似かよった特徴をもつ人物を宇宙飛行士として求めていた。背は高すぎず，体重は重すぎず，大きな加速や低圧環境に耐えることができること。宇宙飛行士になることを夢見た志望者は多くいたが，この条件にかなう者はそう多くはなく，結果的にとてもタフで能力の高い，一握りの男たちだけが残った。

ボストークのチームには六人が選ばれ，最初のコスモノート（ロシアの宇宙飛行士）となった。マーキュリー計画は七人のテストパイロットを軍から選んだ。彼らは三十代後半で知恵

（左）マーキュリー計画の七人の宇宙飛行士「マーキュリーセブン」。当時としてはとても未来的なコスチュームに身を包んでいる。アラン・シェパードは後列左に写っており，前列中央に並ぶディーク・スレイトンとジョン・グレンはまだ適切な靴を支給されていないままであった。

があり，ソ連の候補者よりも 10 歳ほど年長だった。ソ連の候補者たちも軍人だったが，パイロットとしての有能さはそれほど重要視されていなかった。ボストーク宇宙船はかなり自動化されており，頑丈な宇宙船カプセルにしっかり固定された宇宙飛行士はほとんど操縦する必要がなかったのだ。いっぽうマーキュリー宇宙船はロケット最上段に取り付けられる円錐形をしており，窓もあって宇宙飛行士は実際に操縦をしてその宇宙船を飛ばすことを求められていた。

この競争に勝ったのは，当時世界最高のロケット技術をもっていたソ連であった。1961 年 4 月 12 日，ユーリー・ガガーリンがボストーク 1 号で宇宙に飛び出した。その 1 カ月後，マーキュリー計画の一人目の宇宙飛行士であるアラン・シェパードがフリーダム 7 に乗って打ち上げられたが，NASA の技術では弾道飛行（地球を周回することなく落下する飛行）しか実現できなかった。1962 年 2 月，より強力なアトラスロケットによってジョン・グレンが米国人として初めて地球周回軌道に乗った。しかしそのときには，次の目標は月着陸に置かれていた。

2003 年，中国は有人宇宙飛行を実現した三つ目の国となった。最初のタイコノート（中国の宇宙飛行士）となったのは，ヤン・リーウェイであった。インドも，2016 年の有人宇宙飛行を目指している。

71 星の船乗り

1962 年には，無人宇宙船による宇宙競争もさかんになった。無人探査機が初めてほかの惑星の探査に送り込まれたのだ。先陣を切ったのは金星に向かったマリナー 2 号であり，驚くような発見を成し遂げた。

宇宙時代には空想の翼は大きく広がった。この頃には，いつか（1990 年頃？）は人類がほかの惑星にも住むようになるだろうとも考えられていた。惑星探査は科学的な興味から推進されたが，国家の名声や地球外への領土拡大という思惑が絡むことで，宇宙開発競争は国家間の争いとなっていた。ソ連のベネラ 1 号は 1961 年に打ち上げられたが，金星に到達する前に行方不明になってしまった。翌年 NASA はマリナー 1 号を打ち上げたが，ソフトウェアのバグのためにヨーロッパ上空に墜落してしまった。それに続いたマリナー 2 号は成功し，1962 年 12 月に金星に到達した。軽量化のために減速用のロケットを搭載していなかったので，マリナー 2 号が金星に接近したのは 30 分だけであった。短い間ではあったが，マリナー 2 号は金星の大気がどこもほぼ同じ温度であることを観測で明らかにした。これは金星の厚い雲によって熱が閉じ込められていることを示していた。この厚い雲が太陽光をよく反射するので，金星は明るく輝くのだ。では，地上にはどんな世界が広がっているのだろうか。

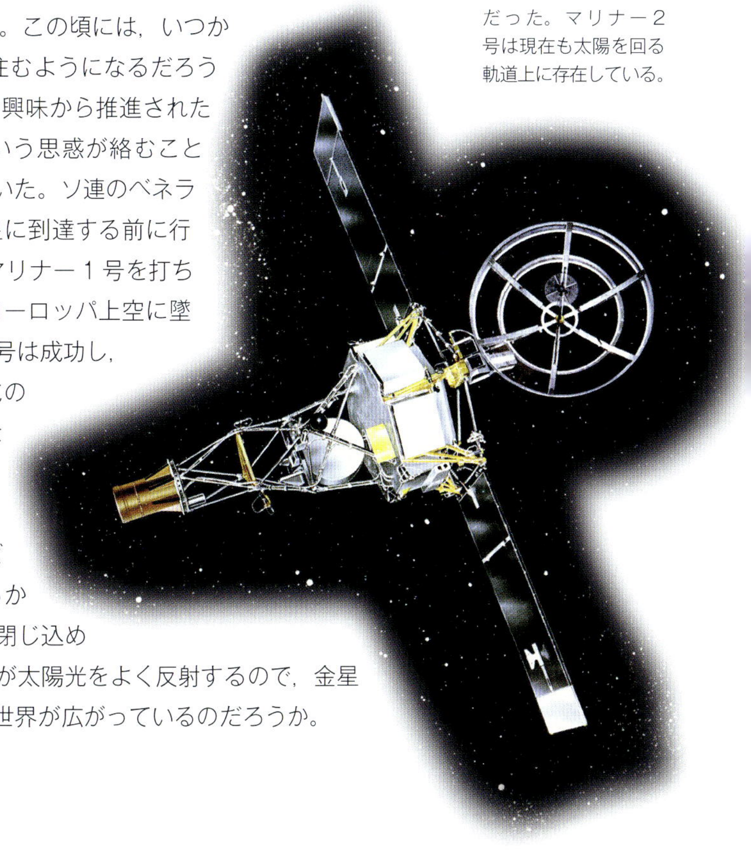

マリナー 2 号との通信が途絶えたのは，1963 年 1 月のことだった。マリナー 2 号は現在も太陽を回る軌道上に存在している。

72 永久の残響

1964年，二人の天文学者が最新の通信衛星の試験をするために作られた超高感度の電波アンテナを使って，空のあらゆる方向からやってくる電波を発見した。この微弱なマイクロ波は，宇宙マイクロ波背景放射と呼ばれている。

（右）宇宙マイクロ波背景放射を検出した金属アンテナをチェックする，ウィルソンとペンジアス。雑音を減らすため，彼らは受信機を液体ヘリウムを使って絶対温度4度（＝マイナス269℃）まで冷却していた。

アーノ・ペンジアスとロバート・ウィルソンは，巨大な金属製の気球でマイクロ波を反射させて通信に使う実験を行っていた。彼らは，米国ニュージャージー州のホルムデル・ホーンアンテナから送り出された信号を検出しようとしていたが，そのためにはまずさまざまな電波信号雑音を取り除く必要があった。そうした雑音を取り除いた後，二人はバックグラウンドノイズが想定よりも100倍も強いことに気づいた。この電波はどの方向からもほぼ同じ強さでやってきていた。現在では宇宙マイクロ波背景放射（Cosmic Microwave Background, CMB）と呼ばれるこの電波は，ビッグバンで宇宙が高温だった頃の名残りなのだ。

73 宇宙からのパルス

1967年，物干しロープが並んだような形をした電波望遠鏡により，宇宙からの非常に規則正しい信号が発見された。宇宙人からの通信信号だと考える人はいなかったが，いったい何がこんな信号を出しているのだろうか？

現代の巨大電波望遠鏡は巨大なパラボラアンテナ群からなり，空の同じ場所を観測するためにアンテナ群は同期して動かされる。

電波は光と同じ電磁波だが，よりエネルギーが低く人間の目には見えない。天文学者たちは1930年代から，宇宙からやってくる電波を調べるようになった。電波望遠鏡は巨大なアンテナであり，微弱な電波を集めるためその多くが巨大なお皿のような形をしている。そんななか，英国の天文学者アントニー・ヒューイッシュとジョスリン・

ベル・バーネルは，ケンブリッジ郊外にそれほど見栄えのしない望遠鏡を作りあげた。惑星間シンチレーションアレイと呼ばれるこの望遠鏡は，信号の変動を拾いあげるために設計されたものであった。

宇宙人からの信号？

1967年11月，ベルは不気味なほどに規則正しい，1.3秒周期の電波信号を発見した。電波源は星とともに空を動いていったので，人工衛星や地上の電波発信局からの信号でないことは明らかだった。これほど規則正しい信号を出すものといえば，宇宙人だろうか？　ベルとヒューイッシュはこの電波源をLGM-1（Little Green Man：緑色の小人とは，宇宙人の俗称である）と名づけた。ほどなく，一つ目とはまったく異なる場所で二つ目の規則正しい電波源が発見された。これにより，宇宙人説は下火になった。

この不思議な天体は，パルサーと呼ばれるようになった。電波パルスは高速自転する天体の片側から出ていると考えられた。あたかも灯台の光のように，観測者の方向に向いたり向かなかったりを繰り返しているというのだ。パルサーの自転はとても速く，もっとも速いものでは1秒間に何回も自転をする。そしてこうした天体の正体は，超新星爆発の後に残される中性子星だろうと考えられた。

74 ガンマ線バースト

電波は電磁波のなかではエネルギーの低い領域にあたるが，その逆に位置するのがガンマ線だ。弱い電波パルスの観測によって空のかなたの小さな星のようすが明らかになったのと同じように，ガンマ線のフラッシュはこの宇宙で最大級の爆発現象を知る手がかりとなる。

ガンマ線バーストが天の川銀河で起きる頻度は，数十万年に1度と見積もられている。もし地球のすぐそばでガンマ線バーストが発生したら，地球上では生命の大量絶滅が起きるかもしれない。

ガンマ線は核爆発によって放出される。このため，核実験禁止条約に反して宇宙空間で核実験が行われていないかどうかを監視することを目的として，米国は軍事衛星を打ち上げていた。1967年7月，2機の軍事衛星が異常なガンマ線を検出した。このガンマ線は核爆弾から出てくるものではなく，太陽系の外のはるかかなたの場所からやってくるものだった。冷戦のおかげでこの発見が成し遂げられたといってもいいかもしれない。性能が向上した爆発検知衛星により，さらに多くのガンマ線バーストが検出されるようになった。ガンマ線のバーストは，典型的には30秒ほど続くものであった。

1973年，こうしたデータが公開されたが，1991年にガンマ線観測衛星が打ち上げられるまで天文学者はその正体をまったくつかめていなかった。ガンマ線観測衛星による観測で，ガンマ線バーストは数十億光年ものかなたで起きていることがわかった。これほどの距離でも見えるということは，太陽が100億年かけて放出するエネルギーをわずか数秒で放出しているということになる。ガンマ線バーストの正体は，中性子星どうしが合体してブラックホールになる瞬間，あるいは太陽の数百倍の質量をもつ超巨大星が崩壊する際の大爆発ではないかと考えられている。

75 アポロ計画

米国人が最初に宇宙に到達した20日後，ジョン・F・ケネディ大統領は1960年代の終わりまでに月に人間を送ると宣言した。アポロ11号によって期限の数カ月前にこの約束は果たされ，米国は宇宙開発競争の勝者となった。非常に多額のお金と引き換えに。

最初の月面着陸を成し遂げ，アポロ11号の月着陸船イーグルの中で笑顔を見せるニール・アームストロング。1969年7月20日に行われたこの記念碑的イベントは，全世界の人口の5分の1が見守ったという。

1969年から1972年までに行われた6回の月着陸には，現在の貨幣価値に換算すると1回あたり180億ドルもの費用がかけられた。しかしその代わりに，得がたい経験と教訓を手にすることができた。とりわけ，次回の月着陸ミッションをより安価に行うためのノウハウは重要である。そして，宇宙時代の楽観的な雰囲気と技術的な波及効果のおかげで米国は宇宙開発のリーダーへとのぼりつめた。

アポロ計画の名は，勇気の象徴であるギリシアの神に由来するものであり，その計画の壮大さにぴったりの命名といえる。月を周回して着陸するこのミッションは，人類が地球周回軌道を離れた唯一のものであった。アポロ計画の宇宙飛行士は，音速の32倍という高速で100万キロメートルを旅した。しかし1972年12月のアポロ17号の帰還以来，人類は地球周回軌道より遠くには行っていない。

月へのミッション

ケネディ大統領は，マーキュリー計画で初めての有人飛行が実現した直後にアポロ計画に言及した。またアポロ計画を練りあげるのと並行して，人を宇宙に送り無事に地球に帰還させる能力を培うために5度のマーキュリー宇宙船の打ち上げが行われた。

マーキュリー計画に続いて，ジェミニ計画が進められた。宇宙飛行士も新たに採用され，二人乗りの宇宙船が開発され，そしてより重い宇宙船を打ち上げることができるタイタンロケットが開発された。ジェミニ計画の主目的

（左）サターンV型ロケットは，これまで打ち上げに成功したなかでもっとも強力なロケットであり，またもっとも騒音の大きな機械である。宇宙飛行士はこのロケットの先頭に取り付けられた円錐状の司令船に乗り込んでいる。司令船には，非常時に使用する細長い脱出用ロケットが取り付けられている。

着陸予定地点である「静かの海」に向かう，アポロ11号の着陸船イーグル。静かの海は平坦であるため，着陸地点に選ばれた。しかし着陸直前に大きなクレーターを飛び越える必要があり，着陸船はあやうく燃料不足におちいるところだった。

は，宇宙飛行士がどれくらい長く宇宙で活動できるかを把握することだった。ある飛行士は2週間弱の宇宙滞在を実現した。また別の打ち上げでは，飛行士は船外活動の実験を行った。こうした船外活動により，宇宙服での活動の限界や修理に使うための工具の試験を行うことができた。そしてニール・アームストロングをはじめとするジェミニ計画の宇宙飛行士たちは，宇宙船を操縦して別の機体（無人の宇宙機アジェナ）とドッキングする試験も行った。こうしたドッキングは，アポロ計画で月に到達するには必須の技術だった。

周到な用意

人を乗せる宇宙船を設計するのと同時に，NASAは無人探査機を月に送って月面のようすを調査した。最初に打ち上げられたのはレンジャー探査機であり，1964年に月面の写真を送ってきた後月面に衝突した。その後5機の探査機が相次いで打ち上げられ，着陸できそうな地点を探した。そして1966年から1968年にかけて，7機のサーベイヤー探査機が月に着陸した。

この過程でも，実はソ連が先行していた。ルナ2号は1959年に月面に到達し，サーベイヤー1号よりも数カ月早くルナ9号が初の月面軟着陸に成功した。しかしそれ以降1970年代まで続けられたソ連の月探査ミッションは，アポロ計画の陰に隠れてほとんど注目されなかった。

ソ連は，人を乗せて月まで到達できる強力なロケットを開発できなかったのだ。しかし米国は，アポロ11号では，NASAのサターンV型ロケットによって三人の宇宙飛行士をサービスモジュールに乗せて打ち上げることができた。サービスモジュールは，その前に着陸船を取り付けた状態で3日かけて月に向かった。二人の宇宙飛行士が月着陸船に乗り移って月に着陸し，月を離陸した後は再びサービスモジュールにドッキングして地球に向かう。大気圏突入の前にサービスモジュールは耐熱仕様の司令船から切り離され，飛行士たちはこの司令船で地球に帰還したのだ。これまでに月面を歩いた人類は12名である。その最後の一人であるユージン・サーナンは，次のような別れの言葉を残している。「わたしたちはここへ来て，そしてここを去る。神の思し召しがあれば，わたしたちは全人類の平和と希望とともに，ここへ戻ってくるだろう。」

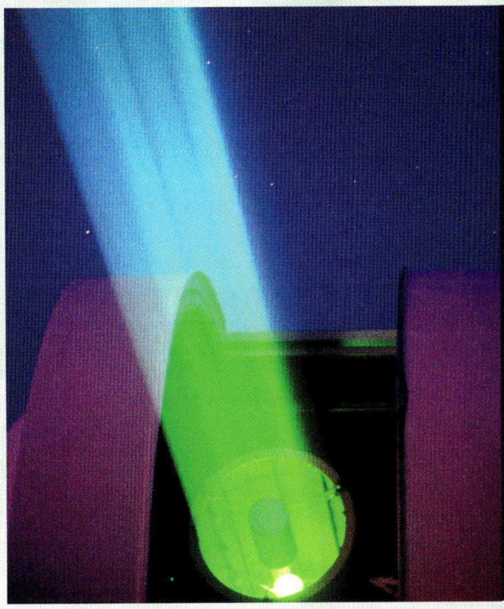

月着陸は事実かウソか

月面着陸はスタジオで撮影されたものだ，という陰謀論をよく耳にする。しかし，アポロ計画の宇宙飛行士たちは月面に鏡を設置してきていて，フランスやテキサスの観測所から発せられるレーザー光を反射することができる。このレーザー光の反射を利用して，地球と月の距離を正確に測っているのだ。2009年には新しい探査機が月面の写真を撮影したが，その中にはアポロ17号の着陸地点が写っており，米国旗もたしかに写っていた。

次のフロンティア

76 宇宙ステーション

NASAがまだ月を目指していた頃，ソ連の宇宙開発はその目標を月ではなく別のところに置いた。もし人類が宇宙探査を行うなら，宇宙で人類がどのようにして生きていくかを学んでおく必要があった。1971年，さまざまな実験装置が搭載された人類初の宇宙ステーションが打ち上げられた。実験の主な対象は，宇宙飛行士自身だった。

人体は地球上の重力に抗うようにできているので，重力のない環境では骨や筋肉がやせ細っていく。宇宙ステーションに滞在する宇宙飛行士は，これを防ぐために定期的に運動をしなくてはいけない。また，地上では重力によって血液が下に引っ張られるが無重力環境ではそれがないため，頭に多くの血液が送られる。このため無重力では顔がむくみ，目に悪影響が及ぶ。

月着陸ミッションを含む初期の宇宙計画により，宇宙空間での宇宙船同士の接近とドッキング，そのあいだの宇宙飛行士の移動についてはほぼ技術が確立された。次にテストされたのは，SF小説には以前から登場していた宇宙ステーションの中で，長期に無重力空間で暮らした場合に人体はどのような影響を受けるのか，ということであった。

人類初の宇宙ステーション「サリュート1号」は，1971年に無人の状態で打ち上げられた。三人の宇宙飛行士がその直後にソユーズ宇宙船で打ち上げられたが，サリュートとのドッキングに失敗して地球に帰還した。その次の打ち上げで三人の宇宙飛行士がソユーズで宇宙に行き，今度はサリュートへのドッキングに成功して23日間の滞在を行った。当時これは宇宙滞在の世界記録であった。しかし，帰還時に悲劇がソユーズを襲い，三人の宇宙飛行士は命を落とした。その後サリュート1号を宇宙飛行士が訪れることはなかったが，生命維持装置などの経験はその後10年にわたる複数のサリュート計画に活かされた。この頃NASAは，サターンV型ロケットの最終段を改

造したスカイラブと呼ばれる宇宙ステーションを1機打ち上げただけであった。スカイラブは一定の成功を収めたが，米国の有人宇宙飛行はスペースシャトルへと重点が移された。

1995年，ミールの窓から顔をのぞかせるワレリー・ポリャコフ。彼は437日という宇宙連続滞在の世界記録をもっている。

宇宙での生活

1986年，サリュート8号は宇宙ステーション「ミール」（ロシア語で平和を意味する）へと移行した。これは，モジュールをつなぎ合わせるタイプの初めての宇宙ステーションだった。10年以上の運用期間のうちに五つのモジュールが中央の軌道船のまわりに取り付けられ，また有人宇宙船や補給船のためのドッキングポートも二つ取り付けられていた。補給船を使うことで，宇宙ステーションには半永久的に宇宙飛行士が滞在できるようになった。

火事や宇宙船の衝突，隕石の衝突などがありながらも，ミールは2001年まで軌道上で活躍し，世界中からの宇宙飛行士を受け入れた。宇宙飛行士たちは何カ月も宇宙で滞在し，人間の体と心が無重力状態でどのように変化するのかを確かめた。これは，いつか人類が月よりも遠くへ旅するために重要な経験であった。

77 いて座A*

もしブラックホールが星や別のブラックホールを吸い込んだら，どんなことが起きるだろうか？ 太陽の数百万倍も重い超巨大ブラックホールは，長い時間かけてこうして成長してきたのかもしれない。1974年，天文学者はこの超巨大ブラックホールが天の川銀河の中心にもあることを突き止めた。

巨大なブラックホールの最初の証拠は，天の川の中心がある，いて座の方向からやってくる電波であった。この電波信号は，非常に活発な領域「いて座A」のある1点からやってくることがわかった。これがいて座A*（スター）である。この天体が巨大なブラックホールであるという確証はなかなか得られなかったが，それはこの天体からやってくる電磁波が大量の星や塵（ちり）に邪魔されて観測が難しかったからである。多くの巨大な系外銀河はその中心に巨大ブラックホールをもっていると考えられており，天の川銀河やアンドロメダ銀河のような「中年の銀河」はすべてブラックホールがその中心にあると考えられている。2008年，16年にわたる観測ののちに，いて座A*が太陽の400万倍の質量をもつ巨大ブラックホールであることが突きとめられた。

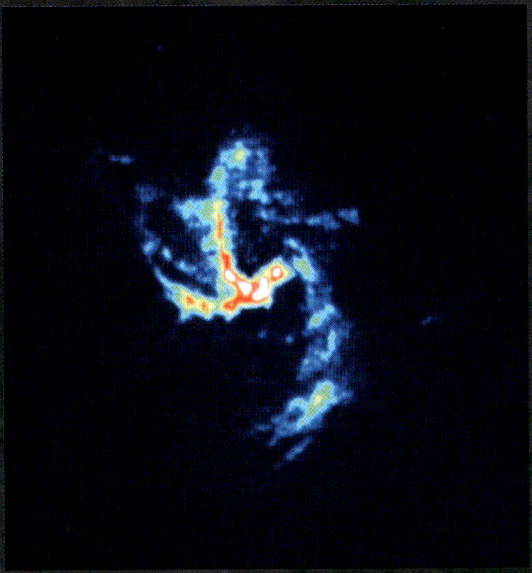

天の川銀河の中心部にある電離ガスが放つ電波から作られた，いて座Aの画像。ブラックホールであるいて座A*は，この中心に位置している。

78 未知の大地への着陸

人類をほかの惑星に送り込もうという計画は，現在でも計画のままである。それほど長距離の宇宙飛行は，費用的にも技術的にも乗り越えるべき壁が非常に多い。それでも，無人の探査機を惑星表面に送り込んでパノラマ写真を撮影することは可能である。そこには，驚きの風景が広がっていた。

重さ５トンのベネラ９号は，金星表面でも十分に耐えられる構造をもっていた。しかし１台のカメラでは，レンズキャップが融けてレンズの前をおおってしまうという事態も発生した。

ソ連の宇宙開発機関は世界の惑星探査をリードしていたが，いつも成功していたわけではなかった。最初に地球以外の惑星に到達した探査機は，1966年のベネラ３号だった。しかし，計画どおり金星の地面に激突したとはいえ，金星の分厚い大気に突入する直前に検出器が故障し，データは何も得られなかった。翌年，ベネラ４号は金星表面に向けてパラシュートで降下し，金星の大気圧が地球の何十倍も高いというデータを送り返してきた。ベネラ４号は，この大気圧によって着陸する前に押しつぶされてしまった。1970年，この高圧にも耐えられるように作られたベネラ７号は金

クリュセ平原（黄金平原）に着陸したバイキング１号は，６年間にわたってデータを送り続けた。研究者は送られてくる写真にくぎづけになった。写真手前の岩には，ビッグ・ジョーという名がつけられている。

星表面に軟着陸し，23 分間データを送信し続けた。そして 5 年後，ソ連はベネラ 9 号も成功させた。ベネラ 9 号は，地球以外の惑星の表面から写真を送ってきた初めての探査機となった。壊れるまでの 53 分間で，ベネラ 9 号は不毛の大地と高温高圧の金星大気のようすを明らかにした。生物が生きていけそうもないこの金星から，人々の興味は火星へと移った。

バイキングの着陸

NASA は火星探査においてはソ連に先んじることができた。1971 年，マリナー 9 号が火星に到達し，地球以外の惑星を回る最初の探査機となった。マリナー 9 号の探査により，タルシス台地やマリネリス渓谷など，壮大な地形の存在が明らかになった。マリネリス渓谷は，米国本土の 48 州と同じくらいの幅をもつ巨大な渓谷である。

1976 年，NASA はバイキング探査機を火星軌道に送り込んだ。バイキング探査機から切り離された着陸機は，火星大気の中を降下していった。火星大気は地球の大気よりかなり薄いものだが，それでも摩擦による高温を避けるために着陸機には耐熱シールドが備え付けられていた。バイキング 1 号はパラシュートで火星表面に着陸し，その数カ月後にバイキング 2 号も着陸に成功した。2 機の探査機は完ぺきに動作し，土壌分析のデータだけでなく地表の写真も送ってきた。この写真には，多くの人々が大興奮した。当初は画像の色付けに混乱があったが，バイキング探査機が撮影した鉄分の豊富な赤い大地と淡い青色の空の写真は，人々の心をとらえて離さなかった。

小さな惑星の雄大な地形

マリナー 9 号をはじめとする探査機により，火星には火山があるが地球のようなプレート運動はないことが判明した。地球上ではプレートが動くことによって，巨大な山脈や大きく広がる海底ですら時間とともに変動していく。しかし，火星表面ではいったんできた地形は数百万年は変わらずに存在すると考えられる。タルシス台地は火星の赤道上に位置し，惑星表面の 4 分の 1 を占めるほどの大きさである。天文学者は，この台地は火星のマグマが地面を押し上げることによって作られたと考えている。同じマグマによって，マリネリス渓谷のような巨大な谷や巨大な火山も作られたと考えられる。そのなかでももっとも特徴的なのはオリンポス山（上写真）である。オリンポス山は標高が 27 キロメートルもある，はげしい火山活動によって作られた太陽系最大の火山である。火星の火山は 1 億 5,000 万年にわたって休眠状態にあるが，いずれ再び噴火するかもしれない。

79 月の石の研究

月は，その表面のようすを地球から肉眼で観測できる唯一の天体である。月の研究はセレノロジー（selenology）という一つの確固たる学問分野を形成している。宇宙飛行によって，月の研究者は月の石そのものを手にして研究することが可能になった。最後に月の石が持ち帰られたのは，1976年のことである。

月は，昼も夜も同じ面を地球に向けている。しかし，月が自転しない天体だと考えるのはまちがっている。月はたしかに自転軸のまわりを回っているのだが，はるか昔にその自転が地球を回る周期と同期してしまったのだ。つまり，月が地球のまわりを一周するのに必要な時間と，月が自身の自転軸のまわりを一回転するのに必要な時間が同じになっている。このため，月自身は回っているにもかかわらず，常に地球に同じ面を向けているのだ。

月探査によって400キログラムほどの月の石が持ち帰られた。月の石は玄武岩でできている。これは火山活動で噴き出した溶岩が急激に冷えて固まったことで作られる岩である。

こうした現象は潮汐（ちょうせき）ロックと呼ばれ，地球の重力によって引き起こされている。そしてこの重力によって，月はわたしたちに向けた面がすこし膨らんでいる。これは，月の重力が地球の海の満ち引きを作りだすのとまったく同じ原理だ。潮の満ち引きが地球上を1日かけて動いていくのと同じように，月の表面の「満ち引き」も月の上を動いていく。これによって月の自転はしだいに遅くなっていき，最終的には同じ面を地球に向けるようになったのだ。

もちろん，満ち欠けのようすは固定されていない。これは太陽に対する月の位置が変動するからだ。月が輝いて見えるのは太陽光が月で反射されるからであり，新月から満月までその見た目が変わるのは，月を異なる角度から太陽が照らしているからにほかならない。

月の海

月の表面でもっとも目立つ構造は黒っぽく広がる大地であり，昔の人たちはここは大量の水をたたえた海だと考えていた。こうした月の海にはおもしろい名前がついている。たとえば「嵐の海」「静かの海」「虹の入り江」といったぐあいだ。もちろん，月の海には水はない。月に水があるとしても，深いクレーターの奥底にわずかな氷として存在する程度だろう。月の海は，太古の昔に火山から平地に流れ出した溶岩が固まったものである。地球から見ると月の海はとても目立つ存在だが，月の表面全体を考えると，そのわずか16パーセントを占めているに過ぎない。なぜ地球の側に海が多いのかは，まだわかっていない。マグマが地球の側にだけ噴き出したのかもしれない。ともあれ，月の表面ではもはやそのような活動は起きていない。月の海は10億年以上前に作られた構造なのだ。

山地と窪地

1609年にガリレオが望遠鏡を向けるまで，月はなめらかな球だと思われていた。しかしガリレオが見たのは，山脈やクレーターに覆われたでこぼこした世界だった。白っぽい部分は，地球の山地になぞらえて「高地」と呼ばれるようになった。（月の明

（左）地球に火星サイズの仮想天体テイアが衝突しているようすの想像図。テイアとは，ギリシア神話で月に対応するセレーネの母にあたる。

暗の境目，つまり昼と夜の境界線近くにある地形からは長い影が伸びるので，初期の月科学者はこれを用いて月の地形を調べていた。）

1650年代になって，ジョヴァンニ＝バッチスタ・リッチョーリは大きなクレーターにコペルニクスの名を与えた。こうして偉大な科学者の名前を月面の地名につけるという伝統が確立されていった。ガリレオは，クレーターは火山活動でできたものだと考えていたが，その後複数のクレーターが重なっていたり破片が飛び散ったような跡が見つかったことで，隕石の衝突によって作られたものであることが明らかになった。空気も水もない月面では浸食が起きないため，ほとんどが30億年以上前に作られたものであるにもかかわらず，クレーターはほとんど劣化することがない。（月の砂「レゴリス」は，数えきれないほどの隕石衝突で月の岩石が細かく砕かれたものだ。）

月はどうやってできた？

1969年，アポロ11号によって初めて月の石が地球に持ち帰られたとき，地質学者たちは月の石と地球の石がきわめてよく似ていることに気づいた。しかし，月の石には地球の石と比べて重金属がわずかしか含まれていなかった。地球では，地球奥深くにこうした重金属が存在している。地球と月が同じ天体からできたと考えると，こうした特徴をうまく説明できた。有力な説では，火星サイズの天体が40億年以上昔に地球に衝突したという。この衝突によって地球の地盤は融解し，融けた岩石が大量に軌道上にばらまれた。これが集まって，月ができたというのだ。

月の表側と裏側はまったくちがう表情をしている。表側には衝突痕は少なく，なめらかである。裏側は暗黒領域とも呼ばれるが，実際は太陽は表面も裏面も同じように照らしている。ただわたしたちが地球から月の裏側を見ることができないだけだ。

80 ボイジャー1号と2号

1964年夏，NASAで大学の卒業研究をしていた一人の学生が，巨大惑星に探査機を飛ばすのに最適な時期を計算するように指示された。そうしてゲイリー・フランドロは，太陽系の外側の4大惑星すべてを訪れることが可能な軌道を見いだしたのだ。

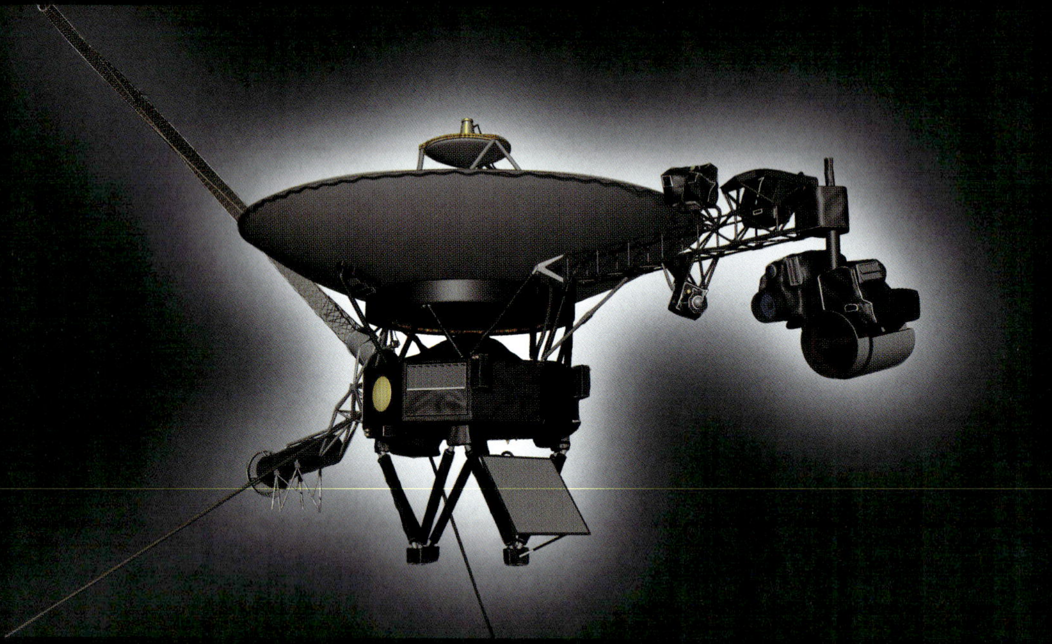

将来ボイジャー探査機が地球外生命体に発見されたときに備えて，金めっきされたレコード盤が搭載されている。このレコード盤の中には地球上で撮られた多くの写真，当時の米国大統領ジミー・カーターや他の多くの人のあいさつ，そしてクジラの鳴き声やモーツァルトの音楽，歌手チャック・ベリーが歌うジョニー・B・グッドなどが収められている。

打ち上げ期日は1977年夏に設定され，探査機の旅路は1989年まで続くことになった。この長い探査のあいだ，探査機は巨大惑星の重力を利用して加速したり方向を変えたりして，次の惑星を目指すことになっていた。これが可能だったのは，たまたま巨大惑星が太陽系の片側によっていたからだ。

1972年に正式に開始されたプロジェクトは，ボイジャーと命名された。同じ形をした二つの探査機が開発されたが，そのうちの一つだけが海王星にたどり着けることになっていた。先に進められていたパイオニア計画の探査機が，軌道の確認のために打ち上げられた。パイオニア10号は木星に接近し，パイオニア11号は木星の重力を使って加速しながら方向を変えて土星に向かった。

ボイジャー探査機はパイオニアの3倍のサイズがあり，カメラ，分光器，宇宙線検出器を搭載していた。計画変更によりボイジャー2号がボイジャー1号の数週間前に発射されることになったが，1977年9月までにすべての準備が整った。

木星の三つの衛星，エウロパ・ガニメデ・カリストには液体の海が存在しているかもしれず，そこには地球の深海に生息するような単純な生命が存在するかもしれない。2030年にヨーロッパの探査機がこうした衛星たちを再び探査し，地球外生命を探す予定である。

巨大惑星訪問

ボイジャー1号は2号よりも速く飛び，2号より先に1979年1月に木星に到達し

（右）ボイジャー１号は，木星の衛星イオの火山活動などさまざまな発見を成し遂げた。イオの場合，木星の強大な重力によって衛星の内部がはげしくかくはんされ，内部が融けていると考えられる。イオの火山活動では噴出物は高さ 150 キロメートルまで噴き上げられる。これは太陽系でもっとも活発な火山活動といえるだろう。

た。嵐がうずまく木星大気の観測を行い，また木星をとりまく淡い環を発見した。それまでは環は土星にしか見つかっていなかった。18 カ月後，ボイジャー１号はその土星にたどり着き，最大の衛星タイタンの観測を行った。タイタンは太陽系の衛星で唯一分厚い大気をもつ天体である。

タイタンの観測をもってボイジャー１号の太陽系探査は完了し，その後は星間空間を目指して現在もひたすら進んでいる。いっぽうボイジャー２号は木星の衛星エウロパの近くを飛行し，その後 1981 年に土星，1986 年に天王星，そして 1989 年に海王星に到達した。この間ボイジャー２号は数多くの衛星の写真を初めて撮影し，海王星に環を発見した。ボイジャー２号もその後は１号と同じく星間空間を目指して今も飛び続けている。

今やボイジャーは，地球からもっとも遠くで運用が続けられている探査機となった。搭載されている原子力電池は，少なくとも 2025 年までは機能するという。天文学者は，あと数年のうちにボイジャーがヘリオポーズ（太陽から噴き出す荷電粒子の流れ「太陽風」に満たされた空間）を飛び出すと期待している。ボイジャー１号から送られてきた最後の画像は，空虚で真っ暗な宇宙空間に信じられないほど小さく淡い地球が浮かんでいるようすを撮影したものだった。

81 磁石の星

地球上の多くの都市よりも小さく，太陽よりも重く，1,000 キロメートル以内に近づいたものが強力に引きつけられてしまうほど強い磁場をもつ。これが中性子星の特殊な形態であるマグネターである。1979 年に初めて発見されたが，謎はまだ多く残っている。

最初に発見された中性子星は，当時の常識では考えられないほどの速度で自転し強い電波ビームを発する電波パルサーであった。では，中性子星はほかの電磁波を出すことができるのだろうか？　1979 年，金星に向けて飛行中のベネラ探査機が，通常よりも 2,000 倍も強いガンマ線の信号をキャッチした。その数秒後，地球のまわりを回る別の人工衛星にこの信号が届いた。検出されたのは，5,000 年前に爆発した超新星の衝撃波であった。超新星爆発の後には，SF 小説によく登場する中性子だけからできた物体「ニュートロニウム」の星，中性子星が残される。中性子星は，ティースプーン１杯分の重さが２億トンにも達する。のちに，天文学者によって電波ではなく高エネルギーガンマ線を放射する中性子星が発見された。その磁場の強さは地球磁場の３億倍もあり，高温と超高速の自転によってその強い磁場ができていると考えられている。

82 再利用型宇宙輸送船スペースシャトル

1980年代までに，宇宙飛行は商業，科学研究，そして防衛という側面をもつようになった。しかしまだ国家による多大な予算の投入が必要でもあった。 NASAはまったく新しい宇宙船を開発し，新しい時代に乗り出そうとしていた。ロケットのように噴射を行って宇宙に行き，飛行機のように翼を使って帰還する再利用可能な宇宙船，スペースシャトルである。

アポロ計画の予算が膨れ上がったことを受けて，NASAはより安価に宇宙飛行ができる手段を模索していた。それは単に「宇宙輸送システム（Space Transport System: STS）」と呼ばれていたが，これがのちに，スペースシャトルとして広く知られるようになった。スペースシャトルによってNASAは新時代に突入し，アポロでの成功を受け継ぐ偉大な組織であることを世界に知らしめた。またスペースシャトルによって，その後30年間にわたる宇宙開発のあり方が方向づけられることになった。

航空力学的特性と重量制限，貨物搭載容量を同時に満たせる設計は，スペースシャトル開発初期にはなかなか見いだすことができなかった。その結果できあがったオービターは，空飛ぶブロックと揶揄（やゆ）された。

宇宙トラック

スペースシャトルの原型となるアイデアは，アポロ11号が月に着陸する数カ月前に生まれていた。NASA内部の先見の明のあるグループが，次のような提言を行ったのだ。「次世代のロケットというのは単に安価なだけでは十分でなく，研究のための利用や軍事利用，また商業衛星を軌道に送り届けるためのトラックの役目を果たすなど，いろいろな目的に使えるものであるべきだ。」

今ではすっかり有名になった白い宇宙船，あるいはオービターとも呼ばれる機体は，スペースシャトル計画の中核となる機体だったが，それだけでは宇宙に行くことはできない。重量級のロケットと同様に多段式の思想を取り入れ，オービター自体には少量の液体水素と液体酸素しか搭載せず，その代わり打ち上げ時には外部燃料タンクから燃料が供給されるようにした。オービターは，宇宙空間に到達するまでこの燃料タンクを背負った状態で飛んでいくのだ。切り離された燃料タンクは大気圏に再突入することで燃え尽きる。スペースシャトルのなかで唯一再利用できないのがこの燃料タンクである。打ち上げに必要なものは

スペースシップワン

1 機 180 億ドルかかったアポロ計画より安いとはいえ，スペースシャトルの打ち上げには 1 機あたり 4 億 5,000 万ドルが必要である。このため，さらに安価な打ち上げ手段が模索されてきた。2004 年，民間のロケットが初めて宇宙に到達した。2 週間後に 2 度目の飛行を成功させ，その 8 年前に創設された X プライズ（民間による有人宇宙飛行を競う賞）を獲得した。左の画像はその機体スペースシップワンである。スペースシップワンの打ち上げは，ジェットエンジンを搭載し高高度を飛ぶ母機から行われる。母機からの切り離し後ロケットを噴射することで，高度 100 キロメートルまで到達するのだ。こうした方式での打ち上げは，宇宙観光客を受け入れるために広く開発が進んでいる。

あと一つ，固体燃料ロケットブースターだ。これは巨大な花火といってもよく，空高くスペースシャトルを押し上げるための巨大な推進力をもっている。ブースターは打ち上げ 2 分後に切り離され，45 キロメートルほどの高度からパラシュートで海に落下する。そして回収され，燃料を装てんして再利用されるのだ。

次の一歩

最初のスペースシャトル「エンタープライズ」は 1970 年代後半に開発されたが，この機体は大気圏内の試験のために作られたものである。宇宙に行けるスペースシャトルの初号機にはコロンビアという名が与えられ，1981 年に打ち上げられた。チャレンジャー，ディスカバリー，アトランティス，エンデバーという 4 機がこの後に開発された。これらはいずれも，有名な船にちなんだ名前である。後で開発されたオービターはやや軽量化されており，古いオービターに比べて貨物搭載容量が多くなっていた。

スペースシャトルを使うことで，地球を周回する軌道に人工衛星を投入することができた。また運用を停止した人工衛星を回収したり，惑星探査機を打ち上げたり，無重力環境で実験を行う実験室を搭載したり，宇宙ステーションに人と物資を運んだりする任務が与えられた。スペースシャトルはとても便利なものだったため，ソ連はブランというコピーを開発したが，1988 年に 1 度飛行したのみであった。スペースシャトルは 100 回以上の打ち上げに成功したが，それでも宇宙飛行は単なる繰り返しで続けられるほどやさしいものではなく，計画全体で 2 機のオービターが事故で失われている。そして 2011 年，最後のスペースシャトルの打ち上げが行われた。現在では，軍事用の機体である X-37 が唯一使用可能な宇宙往還機である。宇宙飛行の新しいステップが，世界中で待ち望まれている。

スペースシャトルのオービターの機体の中央部は，30 トンの人工衛星や研究装置を地球低軌道まで運ぶことができる貨物室になっている。

83 グレート・アトラクター

地球は太陽のまわりを回り，太陽は銀河中心のまわりを回っている。天の川銀河も動いており，局部銀河群を構成するほかの銀河としだいに近づきつつある。そしてその局部銀河群もまた，見えない巨大な質量に引っ張られているのだ。

宇宙膨張に関するハッブルの法則によれば，遠くの銀河はわたしたち観測者から遠ざかっており，このために赤方偏移を起こす。光が飛んでくる空間自体が広がっているために，その波長が引き伸ばされるのだ。そしてまた，すべての遠くの銀河間の距離も広がり続けている。しかし1986年，宇宙の膨張がどの方向も一定というわけではないということが赤方偏移の観測によって明らかになった。天の川銀河1万個分の質量に相当する重力異常が発見され，これが一様な宇宙膨張を妨げていると考えられた。この重力異常はグレート・アトラクターと呼ばれており，まだその正体は不明である。しかしさまざまな観測から，遠方の質量の大きな銀河団がその原因なのではないかと考えられている。宇宙は予想よりも均一でないのかもしれない。

84 彗星との遭遇

1986年，宇宙開発時代になって初めてハレー彗星（すいせい）が回帰した。そして詳細観測のために，探査機編隊がハレー彗星に送り込まれた。

エドモンド・ハレーが何百年も前に軌道周期の計算を行っていたので，彗星が回帰すること自体は驚きではない。しかもこの回帰ではハレー彗星はやや地球から遠いところを通り過ぎたため，地球上に住む人たちの多くはこの有名な彗星を見ることはなかった。しかし世界中の宇宙開発機関は，探査機を送り込んでこれまでにない詳細な観測を行おうと準備を重ねていた。

1986年3月中旬までに5機の探査機が打ち上げられ，まるで編隊を組むようにしてハレー彗星に向

（左）ジオットは，別の研究衛星の設計を流用・改良したものだった。ジオットには防塵シールドが取り付けられており，彗星核からの塵を避けることができた。このシールドは，防弾チョッキなどに使われるケブラー繊維で作られていた。

ジオットという名前の由来

ハレー彗星は，ハレーが軌道の計算を行うよりもずっと前からさまざまなところに登場していた。これはハレー彗星が，もっとも明るい短周期彗星だったからだ。このため，人間の一生と比べてさほど変わらない程度の周期で何度も記録されてきた。もしもっと長周期の彗星であれば，数百年や数千年ごとにしか現れることはない。ハレー彗星がもっとも明確に描かれている絵画は，1304 年にジオット・ディ・ボンドーネがキリスト生誕のようすを描いた「東方三賢者礼拝の図」であろう。この絵の中ではハレー彗星はベツレヘムの星として描かれており，探査機ジオットの名はこの画家に由来する。ジオットは 1301 年にハレー彗星の回帰に遭遇しており，長く尾を引いた明るい天体の姿を見て彼は，この星が三賢者をペルシアからユダヤに導いた天体だと考えたのだ。

ジオットはハレー彗星の核に非常に接近したため，核のようすを鮮明に写真に収めることができた。

かった。このときばかりは競争するのではなく，各国は探査機に搭載する装置を互いに調整して最大限の結果を得られるように心を配った。NASA はスペースシャトルからハレー彗星を観測する予定だったが，6 週間前に発生したチャレンジャー号の事故によりこれはキャンセルされた。しかし NASA は先に打ち上げられていた探査機 International Cometary Explorer を再利用し，そのときすでに太陽の大きさほどに成長していた彗星の尾の全体像を観測した。日本が打ち上げた 2 機の探査機「さきがけ」「すいせい」は，やはり彗星本体からは距離を取り，彗星が周囲の宇宙空間にどんな影響を及ぼすかを調べた。ソ連の 2 機のベガ探査機は，当初の目的地であった金星に着陸機を投下した後軌道を変えてハレー彗星に向かい，彗星核から数千キロメートルのところまで接近し，彗星のコマ（核を取り巻くガス）の写真を撮影した。そしてヨーロッパが打ち上げた探査機ジオットはまっすぐ彗星のコマに向かい，彗星核から 596 キロメートルのところを通り過ぎた。最接近から 14 秒後にジオットとの通信は途絶したが，のちにきわめて科学的価値の高いデータが送られてきた。（コントロールチームはその後ジオットとの通信の復活に成功し，1992 年にはジオットを別の彗星に送り込んでいる。）

探査機が見たもの

通信が途絶する前に，ジオットは彗星の核が巨大な「汚れた雪玉」であることを確認した。ハレー彗星の核は長さ 16 キロメートル，幅 8 キロメートルの氷と岩の混合体で，表面は非常に細かい砂粒に覆われていたのだ。彗星が太陽に近づくと，太陽光によって，温度が上昇する。核の割れ目からはガスが噴き出し，長く伸びるプラズマの尾が作られる。また噴き出した塵（ちり）は太陽風に押し出されて塵の尾が伸びる。直感には反するかもしれないが，こうした尾は太陽とは反対の方向に伸びるのだ。そして太陽から遠ざかると，彗星は活動性を失って再び暗くなる。

ジオットには，彗星表面から飛び出してきた無数の微小な塵が衝突していた。彗星がまき散らした塵を詳細に分析すると，その核ができたのは 45 億年前であることがわかった。つまり，太陽系が作られた頃にこの彗星も作られたのだ。

85 超新星 1987A

この無味乾燥な名前は，天文学史上に残る現象の名前だ。観測史上初めて，超新星爆発の進行がリアルタイムでとらえられたのだ。1987年2月23日，巨大な星の爆発で放たれた光が地球に到達した。この星は実際には人類の文明誕生よりもはるか昔に死を迎えたものだったが，地球から遠くでこの爆発が発生するという運命のいたずらにより，その光が地球に到達したときにはその正体を天体観測によって明らかにできるほど人類文明は進展していたのだ。

巨大な星が一生を終えるときには，巨大な爆発を起こす。こうした爆発から発せられた光は，まるで新しい星が生まれたかのように見えるので，一般に新星と呼ばれる。しかしすべての新星が，星の死の現場というわけではない。このため，星の死に相当する巨大な爆発を，天文学者は超新星爆発と呼ぶ。ある推計によれば，わたしたちの住む天の川銀河の中では50年に1度の頻度で超新星爆発が発生するという。しかし，最後に超新星爆発が記録されたのは1604年であり，そのときからもう何百年も発生していない。そんななか，1987年2月23日7時53分（世界時），24個の反ニュートリノ（原子が分裂したときに発生するきわめて小さな粒子）が世界中の観測所で検知された。この数は，通常に比べるときわめて大きな値だった。この個数から推定すると，爆発現象で生じてあらゆる方向に飛び去ったニュートリノの数は，10^{58}個にも及ぶ。その3時間後，爆発で生じた光が16万8,000年かけて地球に到達した。この超新星は2，3カ月のあいだは肉眼でも見ることができた。当時の世界中の最先端望遠鏡がこの超新星の観測を行い，爆発にともなう光で浮かび上がったプラズマの光輝くリングが発見された。

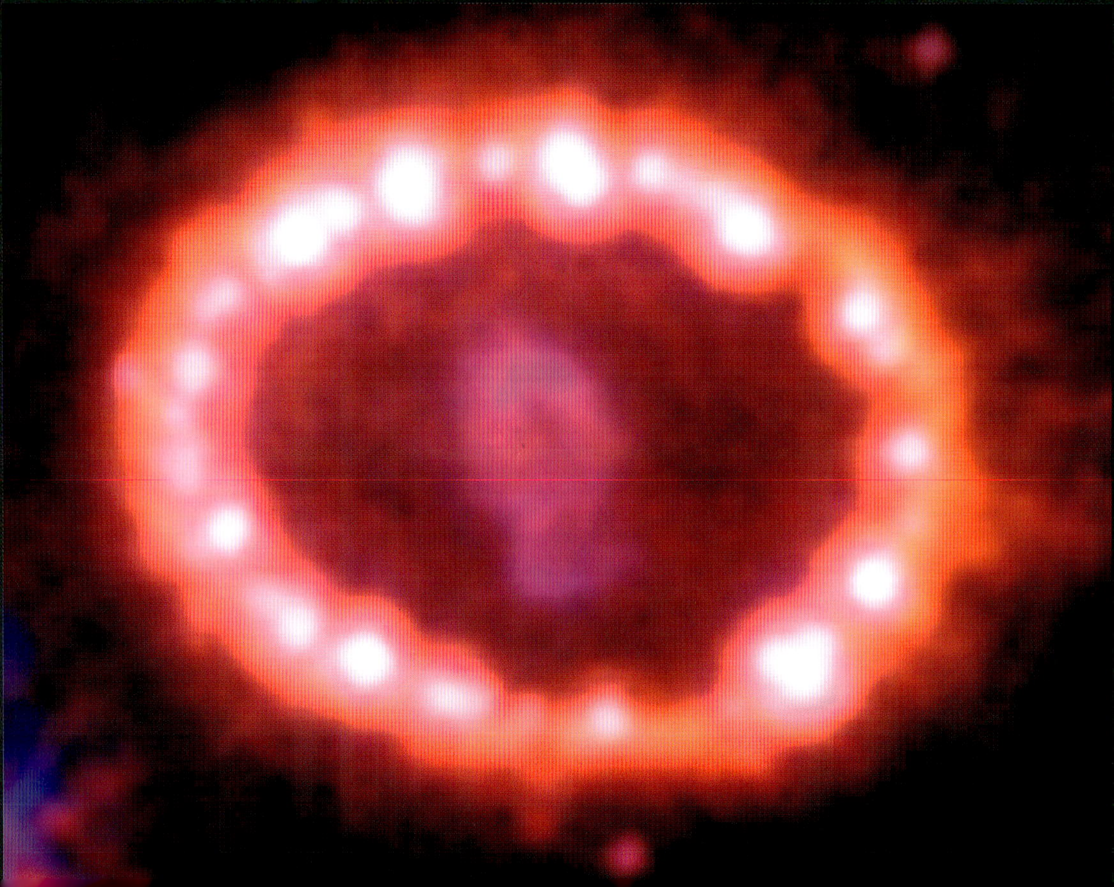

天文学者は当初，超新星1987Aの後には中性子星が作られると考えていた。しかし中性子星はまだ爆発の現場で発見されていないし，ブラックホールも発見されていない。これにより，第3の説が浮上してきた。超新星1987Aで作られたのはクォーク星だというのだ。クォーク星とは，自身の重さによって中性子さえもが崩壊してしまう超高密度の天体である。

86 マゼラン探査機

分厚い雲に覆われている金星は，いつも神秘に包まれていた。しかし 1990 年，マゼラン探査機は金星周回軌道に到達し，表面のようすをはっきりと描きだした。

マゼラン探査機のレーダー画像から合成した，金星表面の火山サパス山の疑似カラー画像。

金星探査計画は波乱万丈だった。初期の着陸機は金星大気のすさまじい気圧によって潰されてしまったし，高圧に耐えるように設計されたその後の精密計測装置は今度は高熱によって融けてしまった。そこで，マゼラン探査機では大きく異なった探査法が採用された。マゼラン探査機は 4 年間にわたって金星周回軌道を回りながら，分厚い雲を見通すことができるレーダーによってその表面のようすを描くことになった。マゼラン探査機によって明らかにされた金星の表面は，多くの火山と流れ出た溶岩に覆われた地獄のような風景が広がっていた。隕石の衝突クレーターはほとんど見つからず，現在も金星の表面は常に新しい溶岩で更新され続けていることがわかった。地球の溶岩はよく延びるが，金星の溶岩はとても硬いため，圧力が非常に高くならなければ流れ出すことがない。金星では，はげしい火山噴火が何度も起きていたのだ。

87 宇宙背景放射探査機 COBE

1992 年，宇宙マイクロ波背景放射にわずかなゆらぎが発見された。これは，ビッグバン理論の基盤を形作るもう一つの要素である。

宇宙マイクロ波背景放射（CMB）は，ビッグバンによる大爆発のなごりと考えられている。CMB はビッグバンで放出されたばく大なエネルギーの最後のひとかけらであり，波長の短い電波，マイクロ波として観測可能である。1964 年に偶然発見されて以来，CMB はビッグバン理論のたしかな証拠と考えられており，この発見によってビッグバン理論が宇宙論研究のなかでは確固たる立場を占めるようになったのだ。

ビッグバン理論によれば，宇宙の始まりの数千分の 1 秒のあいだに，ビッグバンで作られた物質はほぼ同量の反物質と対消滅を起こした。もし物質の量と反物質の量がぴったり同じだったら，この宇宙は一瞬でまったく空っぽの宇宙になってしまっていただろう。宇宙背景放射探査機 COBE によって CMB にむらが発見されたことで，物質が原始宇宙に一様に広がっていたわけではないことが明らかになった。つまり空虚な宇宙の中に物質が集まった箇所があり，ここから星や銀河が生まれたのだ。

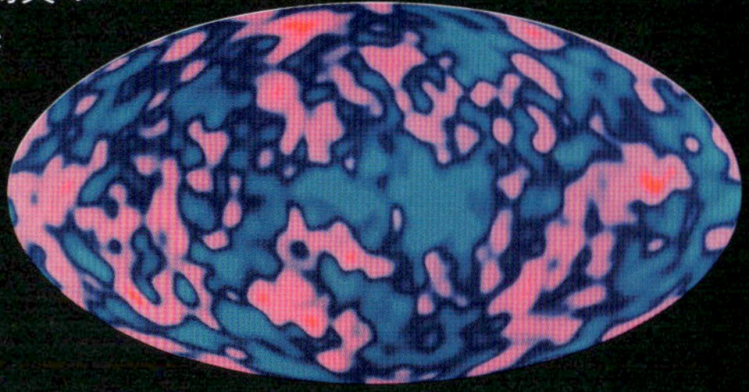

空のあらゆる方向からやってくる宇宙マイクロ波背景放射の強度分布。

88 ハッブル宇宙望遠鏡

鏡の研磨ミスという不名誉な失敗により，ハッブル宇宙望遠鏡は史上もっとも高価な失敗としてあやうく歴史に刻まれるところだった。しかしNASAはそのミスを克服し，今や宇宙のすべてを見通す目として活躍している。

ハッブル宇宙望遠鏡で撮影したソンブレロ銀河。ハッブル宇宙望遠鏡による天体写真は，21世紀のわたしたちの宇宙の見かたを根本から変えてくれた。

天文学発展の歴史は，より大きく高性能な望遠鏡を開発してきた歴史でもあった。レンズはより滑らかでより透過率の高いものになり，鏡が取って代わると望遠鏡の口径はさらに巨大化した。しかし鏡の大きさがすべてではなかった。大きな望遠鏡であっても天体をはっきりと観測できなくては意味がないのだ。このため，最先端の望遠鏡は乾燥地帯の山の上に集積されることとなった。ここなら，空気が安定していて曇ることがあまりない。しかし，真空中と地球大気中では光のふるまいが異なる。星のまたたきでわかるように可視光は地球大気で乱されてしまうし，エックス線や紫外線といった電磁波は大気に吸収されてしまってほとんど地上には届かない。1923年，ドイツのロケット工学者ヘルマン・オーベルトは，地上のどの望遠鏡よりもクリアな視界を手に入れるために，望遠鏡を宇宙に打ち上げることを提案した。

鏡よ，鏡

スカイラブに搭載されたものをはじめ，宇宙に望遠鏡を打ち上げようとする試みは何度か実行されてきた。1960 年代以来，本格的な宇宙望遠鏡を打ち上げることは NASA の宇宙開発における一つのゴールととらえられるようになった。しかし予算の制限やスペースシャトル・チャレンジャー号の事故により，重さ 12 トンのハッブル宇宙望遠鏡がスペースシャトル・ディスカバリーでようやく打ち上げられたのは 1990 年になってからのことであった。

当初は，すべてが順調に見えた。ハッブル宇宙望遠鏡に搭載された口径 2.4 メートルの鏡は，地上最大の望遠鏡よりもいくぶん小さいものではあったが，これまで見たこともないほど鮮明な天体画像を撮影することができた。しかしそれでも，設計段階で目指した鮮明さには及ばなかった。鏡が，わずかに数ナノメートルではあるが，設計からずれた形をしていたのだ。たった数ナノメートルの誤差とはいえ，これによってハッブル宇宙望遠鏡が撮影できる画像は，当初の目標よりも 10 倍も質の悪いものになってしまっていた。

研究者たちはこの誤差をきわめて詳細に調査し，1993 年，その誤差を補正するための装置を取り付けるために宇宙飛行士がスペースシャトルでハッブル宇宙望遠鏡に向かった。この修理ミッションは，「スペースシャトル」という考えの真骨頂といえるものであった。10 日間に及ぶ船外活動を経て，ハッブル宇宙望遠鏡はスペースシャトルの貨物室から再度宇宙へ放出された。

遠くを見ることは昔を見ること

ハッブル宇宙望遠鏡は，一種のタイムマシンである。ハッブル宇宙望遠鏡は数十億光年以上遠くの天体を観測することができる。これは，天体から出た光がハッブル宇宙望遠鏡に届くまでに数十億年も宇宙を旅してきたということを意味している。ハッブル宇宙望遠鏡で撮影される画像というのは，それだけの年月過去にさかのぼった天体のようすを示している。つまり，宇宙がまだ若かった頃の姿を調べることができるのだ。ハッブル宇宙望遠鏡は，約 130 億年前の宇宙の姿までをもわたしたちに見せてくれている。またさらなる確認が必要だが，ビッグバンから 5 億年経過した頃の天体を観測したという報告もある。

ハッブル宇宙望遠鏡は，カセグレン式反射望遠鏡である。カセグレン式反射望遠鏡は 1672 年にフランスの設計者カセグレンによって発明されたが，ニュートンがニュートン式望遠鏡を発明したことでやや影をひそめてしまった。カセグレン式反射望遠鏡では主鏡で集められた光は副鏡に集められ，さらにもう一度反射されて主鏡の中央に開けられた穴を通って出てくる。そこには人間の目を置くこともできるし，ハッブル宇宙望遠鏡のようにデジタルカメラを設置することもできる。

89 彗星衝突

宇宙研究における成功は，どれだけ計画をうまく立てられるかにかかっている。1994 年，事前には予測されていなかった現象が起きたが，入念な準備により，ある探査機はその現象を特等席から観測することができた。天文学者は，史上最大の衝突を目にすることができたのだ。

シューメーカー・レビー第 9 彗星は地球から見て木星の裏側に衝突したが，木星は地球のおよそ倍の速さで自転しているため，衝突地点はすぐに地球から観測できるようになった。縞模様のあいだに，黒い斑点ができていた。

彗星（すいせい）が衝突したのが地球ではなく，またその彗星が 6,500 万年前に恐竜を絶滅させた天体の 10 分の 1 の大きさだったことに感謝しなくてはいけない。とはいえ，この彗星も非常に大きな衝突を起こした。この彗星はシューメーカー・レビー第 9 彗星（SL9）と呼ばれ，その名が示すとおりキャロライン・シューメーカー，ユージーン・シューメーカー夫妻と同僚のデビッド・レビーによって発見された。彼らによって発見された九つ目の彗星でもある。1993 年に発見されたとき，SL9 にはおかしな点が一つあった。太陽ではなく，木星のまわりを 2 年の周期で回っていたのだ。1992 年に木星に最接近した際，あまりに近くを通ってしまったために木星の巨大な重力によって一つの彗星が 21 個の破片に破壊されてしまった。そして次の接近で，木星に衝突することがわかった。

こうした天体衝突は数百年に 1 度の割合でしか起きないため，天文学者たちはその瞬間を見逃すまいと周到な準備を行った。幸運なことに，ガリレオと名づけられた探査機が木星に向かっている途中だった。研究者たちは衝突によって木星の奥深くの物質が巻き上げられるのではないかと期待していた。しかし衝突場所には，木星大気の最上層近くにある硫化水素と硫黄の黒い斑点ができただけであった。彗星核を構成する氷と岩は大気表面との衝突によって粉々に砕かれてしまい，期待されていたほど木星大気の奥深くには到達しなかったのだと考えられている。

ガリレオ探査機の木星突入

シューメーカー・レビー第 9 彗星の木星衝突を観測した後もガリレオ探査機は木星探査を続けた。ガリレオ探査機は，木星に到達するとまず大気に子探査機を突入させた。この小さな探査機は，木星の雲の中を降下しながら大気圧でつぶされてしまうまでデータを送り返してきた。ガリレオ探査機本体は，いくつかの衛星に接近したり木星の雲の上層部に接近したりできる複雑な軌道に投入された。ガリレオ探査機によって木星系についての知見が飛躍的に増大した。ある衛星は，地球以外でもっとも生命存在の可能性が高いともいわれている。2003 年，ガリレオ探査機は軌道を離れ，木星大気に突入して燃え尽きた。

90 SOHOの大活躍

太陽・太陽圏観測機（Solar and Heliospheric Observatory, SOHO）は，人間には不可能な太陽の直接観測を行う衛星である。1995年の打ち上げ以来，SOHOは7度もミッションの延長を経験した実績豊富な観測機だ。そして今後もさらに観測を続けるだろう。

探査機による探査対象となる惑星や彗星（すいせい），小惑星と違って，太陽は静止している。このため太陽観測機の打ち上げ機会は豊富にあり，またさまざまな手法で観測を行うことができる。1960年代のNASAのパイオニア計画では，4機の探査機が打ち上げられた。地球が太陽を回る軌道上にこの4機を配置することによって，さまざまな方向から太陽を観測することができた。パイオニア探査機が観測していたのは，太陽風や太陽磁場のようすであった。1990年の前半には，ヨーロッパが打ち上げた探査機ユリシーズが太陽の極の上空に向かい，太陽を取り巻く高温のプラズマ「コロナ」が極の方向には存在しないことを明らかにした。

SOHOには12の観測装置が搭載されており，SWAN，GOLF，VIRGOといった名前がつけられている。これらのほとんどは紫外線望遠鏡であり，コロナや太陽圏（太陽風が満ちている領域）を観測している。また太陽表面の凹凸の変動を観測し太陽内部のようすも調べることができる。SOHOは，太陽観測の特等席である太陽－地球の第一ラグランジュ・ポイント（地球から太陽に向かって150万キロメートルの位置）の周囲を飛ぶハロー軌道を取っている。第一ラグランジュ・ポイントでは，太陽による引力と地球による引力がつり合う。そしてSOHOは，第一ラグランジュ・ポイントのまわりで太陽と地球を結ぶ線に直角な平面を飛ぶ軌道を取っている。これがハロー軌道だ。

SOHOは，1998年にジャイロが故障し2カ月間通信が途絶した。強力なレーダーによってSOHOの位置が特定され，新しい機体制御プログラムが送信・実行されて本来の機能を取り戻すことができた。

91 地球外生命の発見？

およそ150年前から，火星に生命がいるのではないかという考えをもつ人たちがいた。彼らが考える火星人は，小柄で体は緑色，そして好戦的な侵略者というものであった。あるいは，わたしたちを監視しているのだという人もいた。そしてついに，火星生命に関する最初の科学的報告が，火星隕石からもたらされた。しかしそれは，エキサイティングなものではなかった。

ALH84001という名前は，南極のアランヒルズ（Alan Hills）で1984年に発見された1個目の隕石という意味である。重さは2キログラム以下で，40億年あまり前にできたものだと考えられる。最新の研究によれば，ALH84001は火星のマリネリス渓谷から弾き飛ばされてきたものだという。隕石の衝突によってALH84001は1,500万年ものあいだ宇宙をただよい，13,000年前に地球に降ってきたのだ。

火星に着陸した探査機は，まだ火星の岩石を地球に持ち帰ってきてはいない。しかしそれでも，人類が火星の岩石を持っていないというわけではない。地球やほかの岩石惑星と同じように，火星にも隕石が落下してくる。そして大きい隕石がはげしく地表に落下したときには，火星の表面にあった岩石が宇宙空間にまで弾き飛ばされる。こうして弾き飛ばされた破片のうちの一部は地球に向かい，今度は自身が隕石として地球に降ってくるのだ。探査機がサンプルを地球に持ち帰らなくても，自然に火星の破片が地球に届けられているということになる。隕石は地球に大量に降り注いでおり，燃え尽きずに地表まで降ってくる大きさのものでも1日2個ほどある。そのほとんどは地球の石に紛れてしまい，見つかることはないが，隕石を見つけるのに適した土地もある。南極だ。白い氷の上で，黒い隕石はよく目立つのだ。1984年，南極で一つの隕石が見つかった。ALH84001と名づけられたその隕石は，火星からやってきたものであることがわかった。

火星隕石に生物の形態に似たものが見つかったことで，米国のビル・クリントン大統領はテレビ演説まで行った。その後，これらはRNAをもつにしては小さすぎる（見つかったものは100ナノメートル以下だった），あるいは地上の物質が紛れ込んでいるのではないかという疑いの目も向けられている。

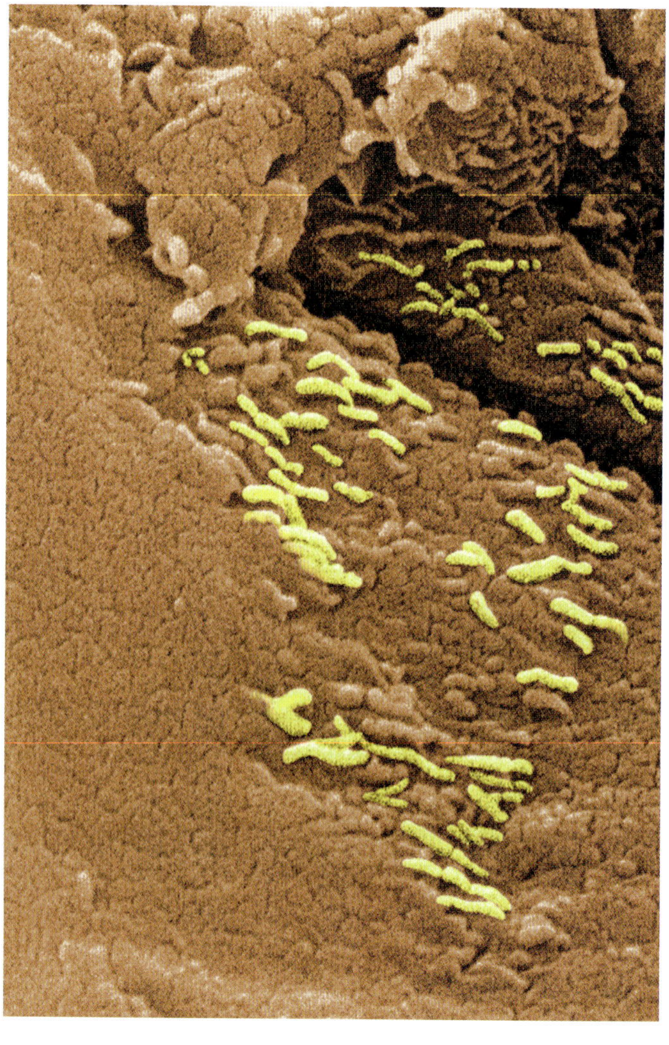

詳細な観察

1996年，NASAの研究者がこの隕石を電子顕微鏡で観察し，化石化したバクテリアのようなものを発見した。そして，これは太古の昔に火星に生息していた生き物の痕跡（こんせき）であると大々的に発表した。この発表を信じない研究者も多くいたが，ともあれこの発見によってNASAは再び生命の痕跡を探すために火星に探査機を送り込むことになった。

92 ダークエネルギー

ニュートンからアインシュタイン，そしてハッブルまで，宇宙の膨張は一つの単純な法則，つまり時間が経つにつれて宇宙の膨張は緩やかになる，という法則に従っていると考えていた。そして 1998 年，ある天体観測によって，宇宙の時空についての大きな謎が生まれた。わたしたちは，まだ暗黒の中にいるのだ。

「遠方の銀河団はすべてわたしたちから遠ざかっている」というハッブルの法則が見つかってから 70 年。それはたとえるならば，太古の昔に起きた大爆発ビッグバンによって銀河が放り投げられているようなものだ。何世紀も前に提唱されたニュートン力学は，現在でもまだ有効だ。重力によって物体は引きつけられる。この事実から推測すれば，すべての銀河には互いの重力がはたらいているから，いつか銀河は一点に引き戻され，宇宙全体もそうした影響を受けているだろうと考えられる。となれば問題となるのは以下の点である。重力がいつか宇宙の膨張を止め，収縮に転じるのだろうか？　あるいはビッグバンの強大な力によって宇宙は膨張を続けるのだろうか？

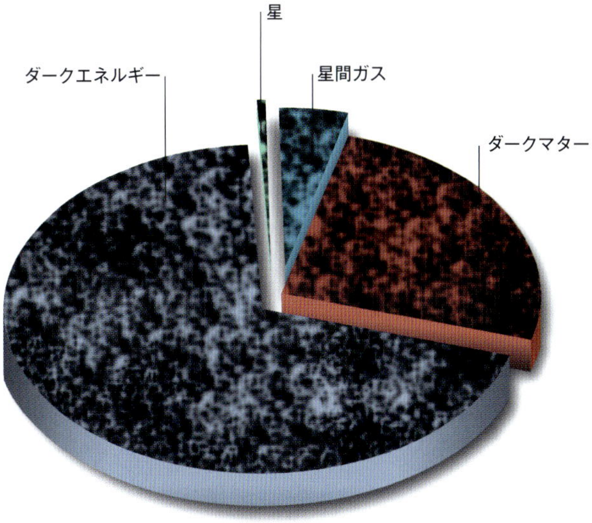

重力は質量の大きさに比例するが，いまや宇宙に存在する質量のうちの大部分は見えないもの，ダークなものが担っていることがわかっている。そして研究者たちは，宇宙の膨張がどのように減速しているかを調べることで，見えない謎の物質の正体に迫ろうとした。そして，Ia 型超新星の捜索が開始された。Ia 型超新星は，主系列星と白色矮星の連星系で起きる。主系列星から白色矮星に物質が流れ込み，白色矮星の質量がチャンドラセカール限界質量に達すると星は自身を支えられなくなり，爆発する。これが Ia 型超新星である。こうした原理から，Ia 型超新星はどれも同じ質量と明るさで爆発するため，宇宙の中で距離を測る指標として使うことができる。暗く見えるものほど，遠くにあるのだ。また，赤方偏移を測れば，その天体がどれくらいの速度で遠ざかっているかがわかる。より遠くの（＝昔の）天体は近くの（＝最近の）天体よりも赤方偏移が大きい。遠くの天体から来る光は過去の宇宙膨張を反映しているから，現在の宇宙膨張の速度と比較することができる。

天文学者たちは，超新星捜索の結果を見て非常に驚いた。宇宙膨張は減速しておらず，重力が宇宙膨張を止めることはできない，それどころか宇宙膨張は加速しているというのだ！　宇宙の加速膨張を引き起こしている原因はまったく謎だが，ダークエネルギーと呼ばれることになった。誰もダークエネルギーそのものを測定することはできておらず，単にダークエネルギーが引き起こしている現象を見ているに過ぎない。ダークエネルギーとは何かを研究することは，時空の「無」の研究とつながり始めている。「無」にもエネルギーがあり，そしてたくさんの「無」があるというのだ。

宇宙膨張がどんどん加速しているという観測事実は，原子や惑星，星といった物体が宇宙の中ではますます取るに足らない存在であるということを示している。見える天体は，宇宙のエネルギーの 1 パーセントを占めるだけなのだ。見えづらいが観測は可能なガスや塵は星と同じ物質でできているが，これを入れても全体の 4 パーセント程度である。残りの 22 パーセントが正体不明のダークマター，そして宇宙の加速膨張の原因となったダークエネルギーは全体の 74 パーセントを占める。

93 宇宙に浮かぶ世界

1990年代，冷戦構造の解消が進むにつれて，宇宙における国際協力もさかんになっていった。その一つの到達点が，1998年に打ち上げが開始され現在史上最大の軌道上構造物となった国際宇宙ステーションである。国際宇宙ステーションは15カ国から宇宙飛行士を受け入れており，数人の観光客もすでに訪れている。

国際宇宙ステーションの巨大な太陽電池パネルのおかげで，ステーション全体の大きさはアメリカンフットボールの競技場と同じくらいになっている。太陽光を強く反射するときをとらえれば，国際宇宙ステーションが空をゆっくりと動いていくようすを肉眼でも見ることができる。

ソ連の宇宙ステーション・ミールの成功によって，より安価に長時間宇宙空間に宇宙飛行士を送る道筋が見えてきた。宇宙旅行においては，重量物を宇宙空間に打ち上げることが最大のコスト要因である。しかしいったんできてしまえば，宇宙ステーションは数多くの宇宙飛行士の活動拠点となりうるのだ。補給物資や交代要員を送るのは，比較的小さなロケットでも十分可能である。

国際宇宙ステーションが作られた理由の一つは，ソ連から宇宙開発を受け継いだロシア宇宙機関が，ミール2を建造する余力がなかったということである。いっぽうでNASAはフリーダムという独自の宇宙ステーション計画を進めており，その協力相手としてロシアを受け入れた。1998年までに日本とヨーロッパが参加し，宇宙ステーション計画は動き始めた。宇宙ロボットで有名なカナダ宇宙機関は，国際宇宙ステーションの最初のモジュールである「ザーリャ」（ロシア語で夜明けの意味）が打ち上がったあとに参加を表明した。

2000年に無人となったミールは南太平洋上空の地球大気に突入することで15年の歴史に幕を下ろし，ほぼ同時期に国際宇宙ステーションに最初の長期滞在クルーが到着した。それ以来宇宙飛行士が入れ替わりで国際宇宙ステーションに滞在しており，また国際宇宙ステーション自体もしだいに拡張され，今や実験室や居室，展望台として使えるキューポラなど12の与圧モジュールが結合されている。NASAのスペースシャトルの引退により，国際宇宙ステーションに向かう宇宙飛行士は全員カザフスタンのバイコヌール宇宙基地から出発するようになっている。国際宇宙ステーションでの仕事もより定常的なものに移ってきており，戦闘機を操縦していたような軍人宇宙飛行士ではなく科学者として仕事をする宇宙飛行士が滞在するようになってきた。2001年，米国経済界の巨人デニス・チトー氏が2,000万ドルの代金を支払って国際宇宙ステーションのロシアモジュールに8日間滞在した。彼は史上初の宇宙旅行者であった。

94 地球は特別な存在か？

わたしたちの知る限り，地球は宇宙で唯一生き物の住む天体である。生き物の生存に必要な条件はよく理解されており，地球外に生命が存在するのはほぼ確実だろうと多くの天文学者たちが考えている。しかし2000年にある地球科学者と天文学者が，生き物を育める星は非常にまれで，地球はほぼ唯一の存在かもしれない，という説を提唱した。

1930年代までには太陽系が銀河系の中心にないことがほぼはっきりしており，太陽系は平凡な場所かもしれないという考えが生まれてきた。つまり，わたしたちの太陽，太陽系，そして生き物の住む惑星は珍しい存在ではない，というのだ。生命に必要なのは，物理・化学法則，そして原始のスープから成長と再生産が可能ななんらかの生化学物質が生まれるのに適切な条件である。こうした条件は，ハビタブルゾーンと呼ばれる。暑すぎず寒すぎず，適切な温度を保てる位置が重要だ。地球はこうした軌道をとっており，表面は生命の存在と密接な関係がある液体の水に覆われている。

地球上で発生した最後の大量絶滅は，6,500万年前に直径10キロメートルの隕石が現在のメキシコに落下したことで引き起こされた。もしその後にもこうした天体衝突が起きていたとしたら，そこでわたしたちの文明は終わりを迎えていただろう。

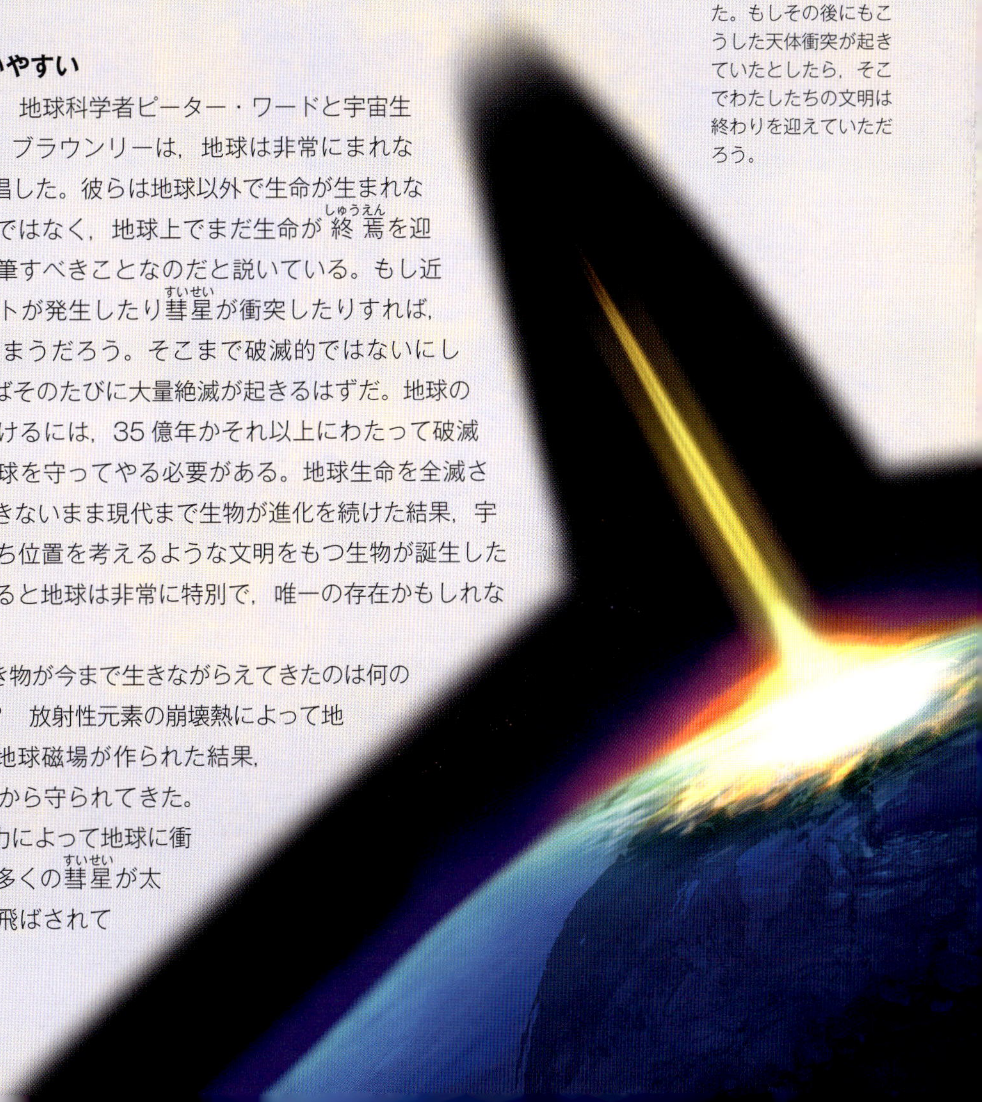

得やすいものは失いやすい

しかし2000年に，地球科学者ピーター・ワードと宇宙生物学者ドナルド・E・ブラウンリーは，地球は非常にまれな存在だという説を提唱した。彼らは地球以外で生命が生まれないといっているわけではなく，地球上でまだ生命が終焉（しゅうえん）を迎えていないことが特筆すべきことなのだと説いている。もし近くでガンマ線バーストが発生したり彗星（すいせい）が衝突したりすれば，生命は一掃されてしまうだろう。そこまで破滅的ではないにしろ，天体衝突があればそのたびに大量絶滅が起きるはずだ。地球の上で生命が進化を続けるには，35億年かそれ以上にわたって破滅的な天体現象から地球を守ってやる必要がある。地球生命を全滅させるような現象が起きないまま現代まで生物が進化を続けた結果，宇宙の中での自分の立ち位置を考えるような文明をもつ生物が誕生したのだ。この点を考えると地球は非常に特別で，唯一の存在かもしれない。

では，地球上の生き物が今まで生きながらえてきたのは何のおかげなのだろうか？　放射性元素の崩壊熱によって地球内部が温められ，地球磁場が作られた結果，地球は有害な宇宙線から守られてきた。また木星の巨大な重力によって地球に衝突するかもしれない多くの彗星（すいせい）が太陽系の外側にはじき飛ばされているといわれている。

95 NEARシューメーカー

2001 年，宇宙開発の新たな 1 ページが開かれた。1 機の探査機が，小惑星に着陸したのだ。小惑星は，惑星になるには小さすぎたが研究対象としては十分におもしろい天体である。特に，地球接近小惑星はいつの日か地球に衝突するかもしれないとして注目を浴びている。

（左）NEAR シューメーカーはエロスに着陸するまで 30 億キロメートルの距離を飛行した。研究者たちは，エロスへの着陸を非常に慎重に行った。なぜなら探査機の着陸によってエロスの軌道がわずかに変わり，将来的に地球と衝突する可能性があったからだ。

打ち上げ時に NEAR（Near Earth Asteroid Rendezvous：地球接近小惑星ランデブー）と名づけられた探査機は，偉大な宇宙地質学者で探査直前に亡くなったユージーン・シューメーカーの名を冠されることになった。この小さな探査機の目的地は，長さ 34 キロメートルのピーナッツ形をした小惑星エロスであった。エロスは太陽のまわりを回っているが，頻繁に地球に接近する軌道をもっている。NEAR 探査機は最初のエロスとの接近の機会をエンジンの不調によって失ってしまい，2000 年の再接近に向けて太陽のまわりを巡ることになった。2001 年，NEAR 探査機は小さな小惑星のちょうど中央部分に着陸し，14 日間にわたってデータを送り続けた。この探査により，エロスは盛り上がった部分で重力がほかよりも強いことがわかった。これは，小石がこの山を重力に引かれて駆け上がる可能性があるということを示している。

96 オールトの雲とカイパーベルト

彗星（すいせい）の起源は，天文学における大きな謎であった。数十億年のあいだに数えきれないほどの彗星が出現し，地球やほかの惑星に衝突したはずなのに，彗星の数が減っているようには見えなかったからだ。答えは，太陽系のはずれにあった。

太陽系は，太陽ができあがってくるときに残されたガスや塵（ちり）の円盤の中で作られた。内側では太陽からの光によって氷が融け，またガスが紫外線によって破壊されているので岩石惑星ができた。外側では氷が融けずに固体のまま残っているので塵と氷とが合体成長して大きな中心核ができ，大量のガスを引き寄せることでガス惑星ができた。そして彗星は，46 億年前に太陽系ができたときの残りものである氷と岩の混合物でできている。1950 年代，オランダの偉大な天文学者ヤン・オールトは，太陽系の外縁部で惑星になりきれなかった氷の塊が太陽系の中央部までやってくるのが彗星だという説を唱

彗星の謎をあばく

2005 年，ディープ・インパクト探査機から短周期彗星テンペル 1 に向けて銅の弾丸が発射された。弾丸は彗星に命中し（下図），まきあげられた塵（ちり）が探査機から観測された。その前年には，スターダスト探査機がビルド 2 彗星のコマから塵を収集している。ゲルの中に集められた塵は，2006 年に地球に送り届けられた。これらのミッションにより彗星をつくるガスと塵の研究が大きく進んだ。

えた。オールトは，何光年もかなたを通り過ぎる別の恒星によって重力のバランスが崩され，彗星が太陽系の内側に押し出されるのだと考えた。しかし彗星の研究者たちは，彗星の軌道周期に違いがあることに気づいていた。200 年以下の周期をもつ短周期彗星もあれば，それより長く数千年にも及ぶ周期をもつ長周期彗星もあるのだ。長周期彗星の軌道をたどると，冥王星の 1,000 倍も外側にまでいたる場合がある。ここは，オールトの雲と呼ばれる場所だ。いっぽうで短周期彗星の軌道を調べてみると，長周期彗星よりも近い場所からやってきているように思えた。

たくさんの惑星 X

海王星の外側に未知の惑星 X があるのではないかという説が提唱されても，太陽系の外縁部にそうした大きな惑星は見つからなかった。その代わり，たくさんの小天体があって，ここが短周期彗星の故郷なのではないかと考えられるようになった。

1980 年代の終わり，こうした天体を実際に見つけようという試みが行われるようになった。60 年前に冥王星が発見されたときと同じ，ブリンク・コンパレーターの技術がここでも活用された。そしてすぐに，CCD を使った自動写真比較が可能になった。CCD はいまや身近なデジタルカメラにも使われているが，当時は最先端の観測装置であった。そして，今ではカイパーベルト天体と呼ばれる天体たちがしだいに見つかるようになってきた。その名は，オランダの天文学者ジェラルド・カイパーにちなんだものだ。1950 年代，カイパーは太陽系形成時に小天体の円盤が太陽系外縁部にできると提唱した。しかしカイパー自身は，こうした円盤は冥王星の重力によって散乱されてしまっているだろうと考えていた。当時，冥王星は地球程度の大きさがあると考えられていたからだ。

冥王星を脅かすカイパーベルト天体

海王星最大の衛星であるトリトンは，海王星のほかの衛星とは逆方向に回転している。これは，トリトンは昔はカイパーベルト天体で，海王星の重力によってとらえられたということを示している。トリトンは冥王星よりも大きく，2002 年までに冥王星と同じくらいの大きさをもつカイパーベルト天体も見つかるようになった。（とはいえ，正確にその大きさを測定するのは難しい。）太陽系第 9 惑星としての冥王星の地位は，こうしてゆらぐことになった。

太陽系に含まれる天体は，太陽と惑星，小惑星だけではない。これらは太陽系の中心部を構成している天体たちに過ぎない。現代の考え方では，カイパーベルトはその外側でオールトの雲につながっているとされている。

97 ローバーを送り込め

月面でローバー（探査車）を運転する宇宙飛行士の写真は，アポロ計画のなかでももっとも魅力的な写真の一つといっていいだろう。ロボット車両を送り込んで探査を行うという考えはごく初期からあったが，実際にそれを実現するまでには長い道のりがあった。

スピリットとオポチュニティは，パラシュートで減速したのちに逆噴射ロケットでさらに減速を行い，火星表面からの高さ10メートルの位置からエアバッグに包まれた状態で落下した。衝突のスピードは時速100キロメートルほどであり，エアバッグに包まれたローバーは10回以上バウンドして900メートル転がった。

初めて地球以外の天体の上を走ったローバーは，八つの車輪をもつソ連の月探査機ルノホート1号であった。長さ230センチメートルのこのローバーは，車輪の上にバスタブが載ったような無粋な見かけではあったが，1970年に「雨の海」に着陸した。ルノホート1号は着陸後10カ月にわたって数千メートルを走破し，土壌の分析や写真の撮影を行った。バッテリーは太陽電池パネルにより充電され，月面が夜のあいだは放射性元素をエネルギー源とした温度管理システムを除いて機能が停止されていた。

ルノホート1号が成功したことを受けて，ソ連は1971年に打ち上げた初の火星着陸機にスノーモービルのような形をした探査ローバーを搭載した。これらはいずれも火星表面上で活躍することはなかったが，1973年にようやくソ連は火星ローバーを成功させた。しかしその後，ソ連ではローバーによる探査は計画されなくなった。

火星での滞在

NASAもまた，火星を探査する最善の方法はローバーだと考えていた。しかしそれを実現するには25年もの時間が必要だった。1997年，マーズ・パスファインダーがソジャーナーと呼ばれる小さなローバーを火星に送り届けた。太陽電池と六つの車輪を備えたスケートボードのようなこのローバーは，たくさんのエアバッグによって衝撃を吸収するという方法で火星に着陸した。地球のコントロールセンターからソジャーナーを操作するのは，忍耐のいる作業であった。ひとつのコマンドがローバーに届くまでに10分もかかるからだ。83日にわたる探査により，ソジャーナーは100メートルほど走行し，火星表面の写真を撮影したり土壌の成分分析を行ったりした。この土壌の成分分析は，火星に生命の痕跡を探すための調査であった。その後も多くのローバーが火星を目指したが，その道のりは簡単なものではなかった。

スピリットとオポチュニティ

マーズ・パスファインダーの後に続いた三つの火星探査ミッションはいずれも失敗に終わった。そして2003年，

水を探せ

2004年，NASAは再び月に宇宙飛行士を送り込む計画を立て始めた。そして同じロケットを使って2050年までに人類を火星に送り込むことを目指すことになった。この計画はコンステレーション・プロジェクトと呼ばれ，現在ではすでにこのプロジェクトは中断されてしまったが，当時は火星探査で水を発見することはきわめて重要なテーマだった。有人探査を行う場合，宇宙飛行士は火星表面に数カ月滞在する必要があり，もし火星の岩石から水を抽出できれば非常に役に立つことはまちがいない。2008年，フェニックス探査機が火星の北極に着陸した。探査機が地面を削ってみると，土に紛れて水の氷のようなもの（写真左下の影の中）が見つかった。4日後にはこれがなくなっていたことから，見つかったものはたしかに氷で，4日間で融けてしまったのではないかと考えられている。

スピリットと名づけられた大きなローバーが火星に着陸し，研究者はほっと胸をなでおろした。その数週間後，2004年の初めにはスピリットと同型のローバー，オポチュニティが火星着陸に成功した。二つの探査機はいずれも，エアバッグを使った着陸に適した平地に狙いどおり到着した。ローバーはピラミッド型の機体に包まれていた。着陸後にはそれが開いてスロープとなり，ローバーはここを通って火星の大地に降り立った。

スピリットとオポチュニティは，これまでにないほどの大成功を収めた。これらのローバーには火星の岩石を調査するための装置が搭載されていたが，土壌や岩石試料を集めるためのシャベルやドリルまでついていた。ステレオカメラは距離を正確に測ることができ，火星に広がる砂漠のすばらしいパノラマ写真を撮影した。

スピリットは2009年に深い砂に車輪を取られて動けなくなってしまったが，動かない基地として探査を続けていた。しかし2010年の火星の冬を越すことができなかった。ローバーは日当たりのよい丘に止まっていたが，夏になっても復活することはなかったのだ。いっぽうオポチュニティは今でも元気に探査を続けている。

失敗続きの火星探査という呪縛から逃れられれば，次世代のローバーであるマーズ・サイエンス・ラボラトリー（MSL）が火星に到着するだろう。その次には，ひょっとしたら人間が運転するローバーが火星を走ることになるかもしれない。〔マーズ・サイエンス・ラボラトリーは2012年に無事に火星に着陸し，探査を行っている。〕

オポチュニティは，マーズ・エクスプロレーション・ローバーのうちの1機である。その大きさはゴルフ場のカートくらいだが，走行速度はずっと遅い。エネルギー源は太陽電池パネルで作られているために長期間の活動が可能だが，きびしい火星の冬によっていずれ活動の終わりがもたらされるだろう。

98 タイタンへの着陸

土星の環と衛星を初めて報告したのは，オランダの天文学者クリスティアーン・ホイヘンスとフランスの天文学者ジョバンニ・カッシーニだった。1997年，彼らの名を受け継いだ探査機が土星に向けて打ち上げられた。土星の環の詳細な調査と，木星以遠の天体への初めての着陸がその主要な目的だった。

NASA と ESA（欧州宇宙機関）が共同で開発した原子力電池駆動の探査機がカッシーニであり，そこに着陸機ホイヘンスが搭載された。土星までの飛行はさながら太陽系の名所めぐりのようであった。金星に 2 回，地球に 1 回，木星に 1 回接近してその重力による加速と方向転換を行い，2004 年に土星に到着した。土星本体の 2 倍以上の幅をもつが数メートルの厚みしかもたない環のあいだを通過することにも，カッシーニは成功した。カッシーニは数ある土星の衛星たちにも何度も接近し，2005 年には土星最大の衛星であるタイタンのオレンジ色の濃い大気のなかに着陸機ホイヘンスを投下した。ホイヘンスはタイタンの表面がメタンの氷で覆われていること，プロパンなどの有機分子で満ちた海があることなどを明らかにした。

タイタンに着陸したホイヘンスの想像図。これは地球以外の惑星の衛星への初めての着陸となった。ホイヘンスが着陸した場所は泥の上に石がばらまかれたような場所で，ホイヘンスは写真や大気のデータを 90 分間にわたって取得し地球に送ってきた。

99 準惑星

2006 年，冥王星は「準惑星」となり，太陽系の惑星の数は 9 から 8 に減った。それまでの観測により，冥王星は自身の周囲で最大の天体とはいえなくなっていたのだ。

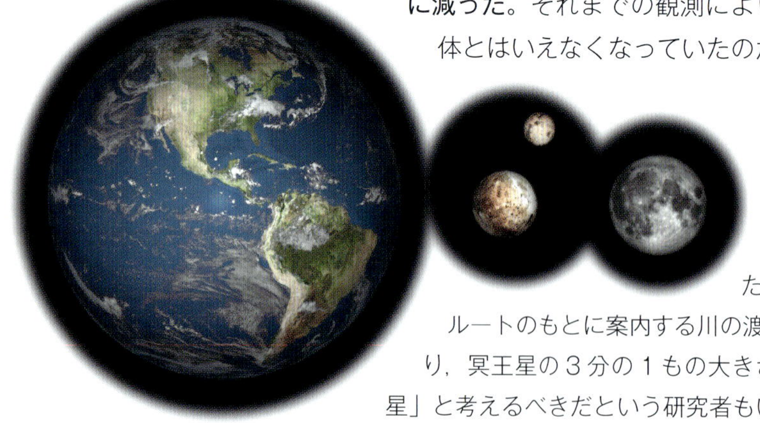

（左）地球と月のあいだに描かれているのが冥王星とカロン。カロンが見つかったことで，冥王星は 1930 年以来考えられてきたものとは異なる姿をしていることがわかった。2005 年，冥王星に新たに二つの衛星が発見され，ニクスとヒドラと名づけられた。2011 年にはさらに一つの衛星が発見されたが，名前はまだついていない。〔2011 年に発見された衛星はケルベロスと名づけられた。さらに 2012 年には五つ目の衛星ステュクスが発見されている。〕

冥王星の質量は水星よりやや大きいと考えられていたが，1978 年，実はこの質量は冥王星と巨大な衛星を合わせたものであるということが判明した。この衛星は，人々の魂を冥界の王プルートのもとに案内する川の渡し守の名をとってカロンと呼ばれており，冥王星の 3 分の 1 もの大きさがある。冥王星とカロンは「二重惑星」と考えるべきだという研究者もいるが，それでも第 9 惑星としての地位はゆらがないはずだった。しかしカイパーベルト天体の発見が続き，なかには非常に大きなものも見つかってくるようになると，冥王星の惑星としての立場についても再考の必要が生じてきた。

2005 年に冥王星よりもやや大きいエリスが発見されたことで，国際天文学連合は対策を講じることにした。その結果冥王星とエリス，二つのカイパーベルト天体ハウメアとマケマケ，そして最大の小惑星であるセレスは，準惑星という新しい分類となった。これらの天体が準惑星とされた理由は，三つある。一つ目は，これらの天体が惑星と同様に大きな天体であるため，自らの重力によって球形になっていることだ（ただしハウメアは球というより卵型である）。二つ目は，惑星とは異なり，これらの天体はそれぞれの軌道上で圧倒的に大きい存在ではない，ということだ。惑星の場合は非常に大きいため，近くにある天体をその重力で引きつけてしまうか，あるいは重力によって弾き飛ばしてしまう。このため，惑星の軌道上からは小さな天体がきれいに取り除かれている。しかし，準惑星の場合はそうではない。セレスは小惑星帯のただなかに存在するし，他の準惑星たちはカイパーベルトの中にいる。今のところ準惑星は五つだが，今後準惑星の候補になりそうな天体はたくさん見つかっている。2，30 年のあいだに，準惑星の数は数十を超えているかもしれない。そしてそれらにつける名前も考える必要がある。現在は慣習に従って神の名が与えられているが，ギリシア・ローマの神の名前ではない。

100 新しい地球

2009 年，一つの宇宙望遠鏡が打ち上げられた。その宇宙望遠鏡には，太陽系の惑星の軌道を明らかにした偉大な天文学者の名がつけられた。ケプラーである。ケプラー望遠鏡の目的は，天の川の中で惑星をもった星を見つけること，そして生命の存在に適した「ハビタブルゾーン」にいる惑星があるかどうかをたしかめることだ。「第 2 の地球」探しが始まったのである。

天文学者が最初の太陽系外惑星を見つけたのは，1992 年である。この太陽系外惑星系は太陽系からするとまったくの異世界だ。それはパルスを発する中性子星（パルサー）のまわりを回る，小さな岩石塊だった。生命の存在に適した太陽系外惑星の捜索はその後も続けられた。その見つけ方は，ある星を観測して惑星の出現を待つ，というほど単純ではない。天文学者は，さまざまな太陽系外惑星の発見法を考案しているのだ。たとえば，惑星が公転するのに合わせて中心の星が振動するのを見つけるのも一つの方法だ。しかもこの振動は，星のスペクトルに現れる。また，星の手前を惑星が横切ることによって生じるわずかな明るさの変化を調べるという方法もある。

たった 4 カ月の観測で（もちろんデータの解析にはより長い時間が必要なのだが），ケプラーは惑星候補天体を 1,200 も発見した。2011 年までに，そのうち 68 個は地球と同じくらいのサイズで，さらにそのうちの 5 個はハビタブルゾーンに存在していることがわかった。ハビタブルゾーンとは，液体の水が存在できる場所のことだ。しかし，地球のように生命が存在できる惑星かどうかをたしかめるには，まだまだ研究が必要である。

最新の予測によれば，宇宙における惑星の数は星の数よりも多いという。文明が進化する確率が仮に 10 億分の 1 だとしても，天の川銀河に 100 以上の文明が存在することになる。そして，天の川銀河は宇宙にある多くの銀河のうちの一つにしか過ぎないのだ。

（右）ケプラー望遠鏡は「トランジット法」を用いて太陽系外惑星を探している。トランジットとは，惑星が星の手前を通り過ぎる際にわずかに暗くなる現象のことだ。ケプラーは大気圏外に打ち上げられたことで，大気のゆらぎの影響を受けることなく精密な観測をすることが可能である。地球の 100 分の 1 しかない惑星による星の減光すらも観測することができるのだ。

101 天文学の基礎

ここまで紹介した発見の積み重ねとして，現代天文学が教えてくれる宇宙とはいったいどんなものだろうか？　天文学を別の角度から見てみると，宇宙の非常に基礎的な部分に迫ることができる。

四つの力

力とは，ある物体から別の物体にエネルギーを伝えることであり，それによって二つの物体の運動が変化する。物理学者は，この地球上には四つの力があると考えている。そして天文学におけるもっとも基本的な考え方は，地球上で見られる物理法則は宇宙のどこにいっても同じである，というものだ。だからこの四つの力は，宇宙の中で星がどのように作られ，惑星がどのように運動するのかを理解するのに必要だし，また宇宙からやってくる光に含まれる情報を解釈するときにも必要になる。

一つ目の力は，「強い相互作用」だ。これは陽子と中性子を結びつけ，原子核を作る力である。その名のとおりほかの力に比べて非常に強いが，力が及ぶ範囲は非常に小さ

1. 強い相互作用は原子核の中だけではたらく。

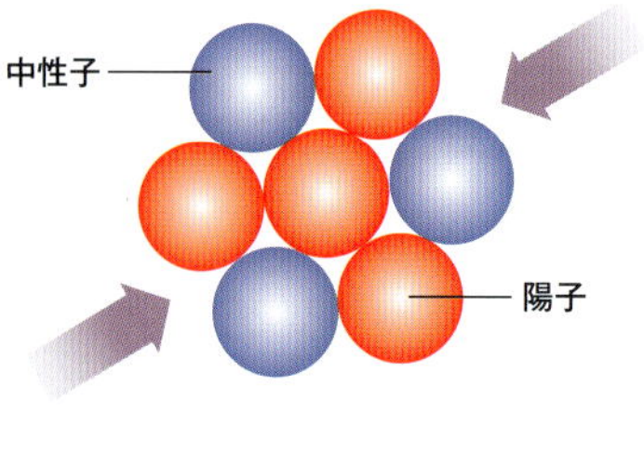

2. 弱い相互作用は放射性崩壊を引き起こす。

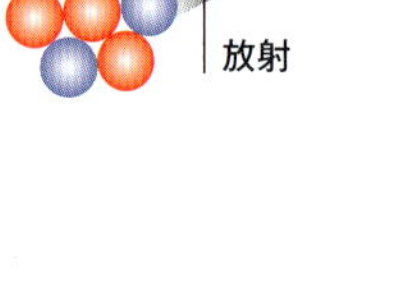

3. 電磁気力によって原子が作られる。

4. 重力は天文学的距離を超えて作用する。

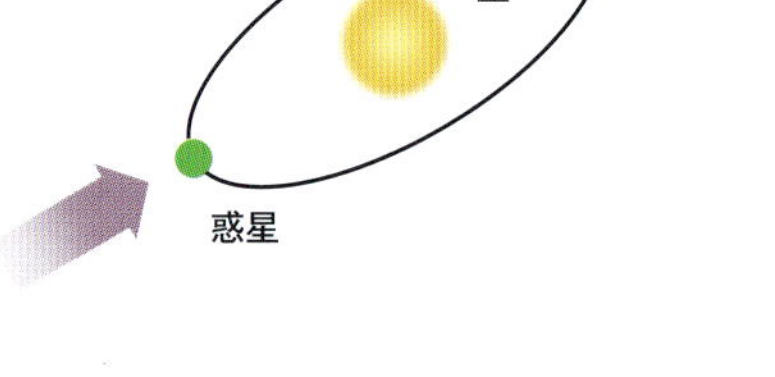

く，原子核のサイズ程度しかない。二つ目の力は「弱い相互作用」であり，放射能に関係がある。この力によって，不安定な原子核から粒子が押し出されるのだ（放射性崩壊）。ここで押し出された粒子が放射線となって観測される。三つ目が電磁気力である。電磁気力では，逆の性質をもつものは引きつけあい，同じ性質をもつものは反発しあう。電磁気力によって，負の電荷をもつ電子が正の電荷をもつ原子核のまわりを回っている。また，原子が融合するのを妨げているのも電磁気力である。この力によって電子は隣にある電子と反発するため，物体の形は崩れず，また変形も妨げられるのだ。電磁気力は，わたしたちに身近な世界でも電気や磁気としてその姿を見ることができる。最後に，四つ目の重力である。重力は，質量をもつあらゆる物体のあいだにはたらく力だ。大きな質量をもつ物体はより強力に小さな物体を引きつける。膨大な数の天体が互いに重力を及ぼし合うことによって，宇宙のいろいろな天体の運動が生じている。

電磁波の観測

天文学は「間接的な科学」といえる。ほとんどの天体は非常に遠くにあるため，天体を構成する物質を持ってきて調べることができないからだ。その代わりに，天文学者は天体からの光やその他の電磁波を集めることで，天体の情報を得ている。そしてこの電磁波のうちのごく一部だけをわたしたちは目で見ることができる。地球の大気は，可視光をよく通す。というよりもむしろ，この波長の光が見えるようにわたしたちは進化してきたのだ。また，電波も地球の大気をよく透過する。しかしほとんどの赤外線，紫外線，高エネルギーエックス線やガンマ線は大気を透過できないため，地表にはほとんど届かない。こうした電磁波を観測するには，大気圏外の軌道上に望遠鏡を設置する必要がある。

宇宙を見る目

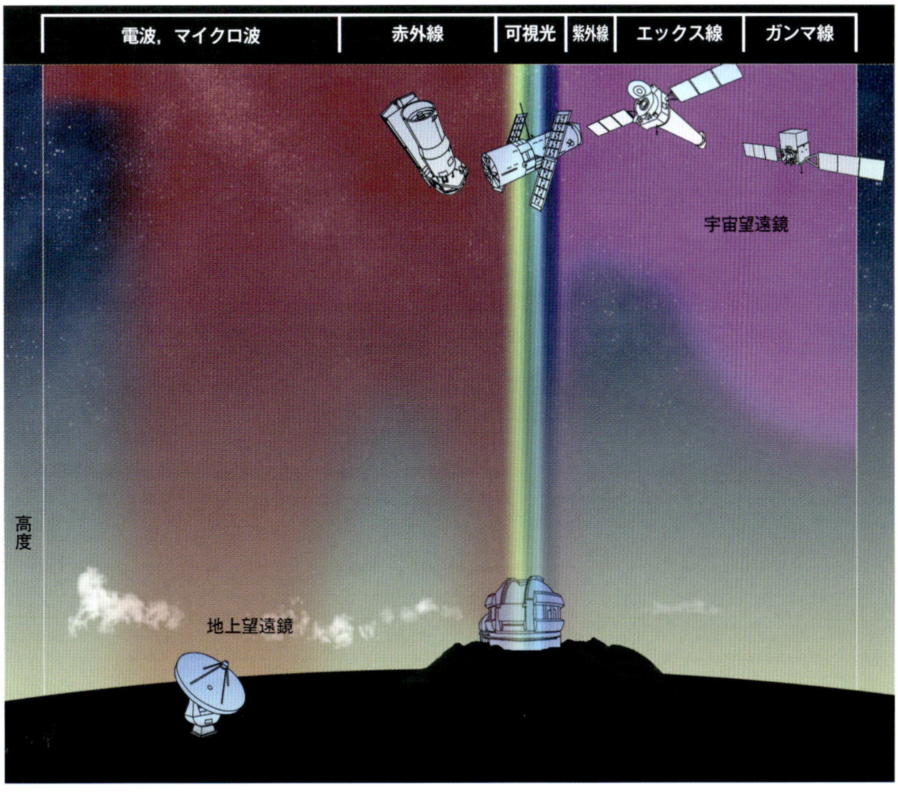

太 陽
100 億年の寿命のちょうど中間あたりにある，黄色い主系列星。その一生の終わりには大きく膨らんで赤色巨星となり，水星と金星を飲み込んでしまう。地球の大気は吹き飛ばされてしまい，生命が住める環境ではなくなるだろう。しかし木星の衛星は温度が上昇するため，仮に 5,000 万世紀後にも地球文明が存在するなら，木星の衛星がその文明にとっては楽園になるかもしれない。
直径：1,392,000 km
表面温度：5,500 ℃
中心温度：1,500万 ℃

水 星
巨大な金属の中心核と薄い地殻をもつ太陽系第一惑星。強烈な太陽風によって大気はほとんど吹き飛ばされてしまっている。
直径：4,878 km
太陽からの距離：0.4 天文単位
公転周期：88 日
自転周期：58 日
衛星数：0
表面温度：427 ℃

金 星
太陽系でもっとも高温の惑星。これは，大気に含まれる二酸化炭素と硫化物ガスによる温室効果のためである。金星はほかの惑星とは逆向きに自転しており，金星の 1 年は金星の 1 日よりも短い。
直径：12,104 km
太陽からの距離：0.7 天文単位
公転周期：225 日
自転周期：243 日
衛星数：0
表面温度：460 ℃

地 球
太陽系最大の岩石惑星。太陽系で唯一水が液体で存在できる天体で，表面の 70 パーセントは海で覆われている。海の平均の深さは 4,200 メートルにもなる。
直径：12,756 km
太陽からの距離：1 天文単位
公転周期：1 年
自転周期：24 時間
衛星数：1
表面温度：14 ℃

月
地球唯一の衛星であり，太陽系内では惑星との比率がもっとも大きい衛星でもある。直径は地球の約 4 分の 1，3,475 キロメートルである。

火 星
寒く荒れ果てた砂漠の惑星。火星は，人類が最初に降り立つ地球以外の惑星になるかもしれない。小惑星帯の近くに位置しているので，二つの衛星フォボスとダイモスはおそらく火星の重力に捕えられた小惑星だろう。
直径：6,787 km
太陽からの距離：1.5 天文単位
公転周期：678 日
自転周期：24.5 日
衛星数：2
表面温度：−20 ℃

太陽系

太陽系は，45 億年前に天の川銀河のオリオン腕で超新星爆発が発生し，そこで生じた衝撃波が周囲のガス（水素，ヘリウム，そして極微量のその他の元素からなるもの）を掃(は)き集めることによって誕生したといわれている。掃き集められたことでガスは自らの重力によって収縮し，主に水素ガスからなる巨大な球体ができる。そして十分に大きくなると，新しい星として輝きだす。

星になれなかったガスや塵(ちり)，そして氷は，星のまわりで円盤を形作る。この円盤の中では物体が絶えず衝突を続け，しだいに大きな天体へと成長していく。これが「微惑星」と呼ばれる惑星の種だ。微惑星はその後も成長を続け，まわりの小天体をどんどん吸い込んで軌道上を「掃除」していく。内側の微惑星は金属と岩石で，外側の微惑星は金属と岩石と氷でできている。その後，数千万年から 1 億年ものあいだ衝突を続けることによって，八つの惑星，すなわち岩石でできた四つの小さな惑星と，ガスと氷でできた四つの巨大惑星ができあがった。あとは，この場所に文明が生まれるのを待つだけだ。

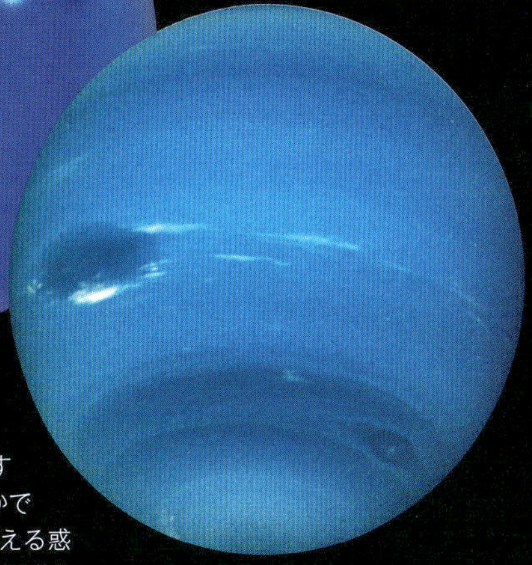

土　星

太陽系で２番目に大きく，もっとも密度の小さい惑星。主にガスでできており，水に浮くほど軽い。（もちろん，そんなに巨大なプールを準備できればの話だが。）環は，衝突して砕け散った氷衛星の破片か，あるいは衛星になれなかった氷の集合体である。土星の潮汐力を考えると，ここで衛星が作られるのは困難であろう。

直径：120,540 km
太陽からの距離：9.6 天文単位
公転周期：29.5 年
自転周期：10.5 時間
衛星数：64（2014 年９月現在）
表面温度：−168 ℃

天王星

氷の上をメタンを主成分とする大気が覆っている，穏やかであまり特徴がないように見える惑星。しかしこの惑星にも不思議な面がある。遠い昔，巨大な天体が衝突したせいで天王星の自転軸は大きく傾いている。このため，自転しているというよりは「転がる」ような形で太陽のまわりを巡っている。

直径：51,118 km
太陽からの距離：19.2 天文単位
公転周期：84 年
自転周期：18 時間
衛星数：27
表面温度：−200 ℃

海王星

太陽系でもっとも外側にある惑星。非常に強い風が吹いている。海王星では天候の変動がほとんどなく，数百万年にわたってずっと同じように風が吹いている。ボイジャー２号は，その風速が時速 2,000 キロメートルにも及ぶことを発見した。

直径：49,528 km
太陽からの距離：30 天文単位
公転周期：169 年
自転周期：19 時間
衛星数：14
表面温度：−212 ℃

木　星

ガスが主成分の太陽系最大の惑星。中央部には，地球と同程度の大きさをもつ岩石と金属の固体核が存在する。巨大惑星は一般に自転が速いが，木星はそのなかでももっとも早く自転する。赤道領域は極に近いあたりよりも自転が速く，大気ははげしくかき混ぜられている。

直径：142,800 km
太陽からの距離：5.2 天文単位
公転周期：11.9 年
自転周期：10 時間
衛星数：67（2014 年９月現在）
表面温度：−124 ℃

食の観察

日食や月食は，非常に多くの人が楽しむことができるもっとも注目すべき天体現象の一つといっていいだろう。見るのに高価な道具は必要ないし，日食は昼間に起きるから，観察もしやすい。月食は，太陽と月のあいだに地球が入る現象だ。地球の影が月面を数時間かけて横切っていくことで，月がかじられたように暗くなるのだ。皆既月食では月が赤く見えるが，これは地球の大気を通って夕焼けのように赤くなった光が月を照らすからだ。

日食の場合，地球と太陽のあいだに月が入り，円錐状の影が地球に落ちる。この影の領域が，地球の自転に合わせて地球上を移動していく。半影より内側の領域にいる人だけが，日食を見ることができる。驚くことに，三日月のように細い太陽であっても，まわりがはっきり見えるくらいに十分明るい。中央の本影の中では太陽が完全に隠されており（皆既日食），ごく短時間ではあるが，昼間でも夜のような暗さになってしまう。

食が起きるには，地球と月の相対的な大きさ，そしてそれらの位置が絶妙な関係を保っている必要がある。

日　食

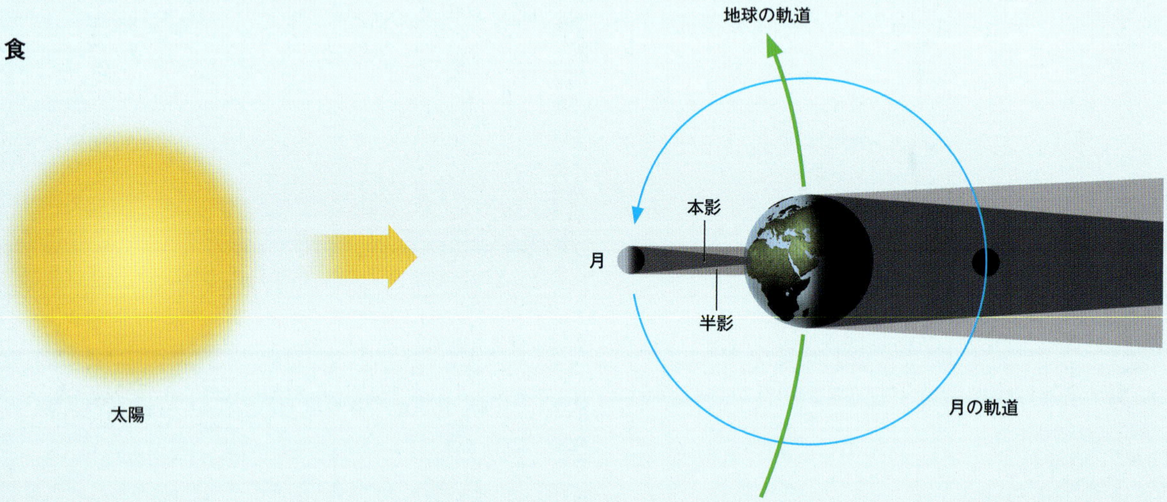

月　食

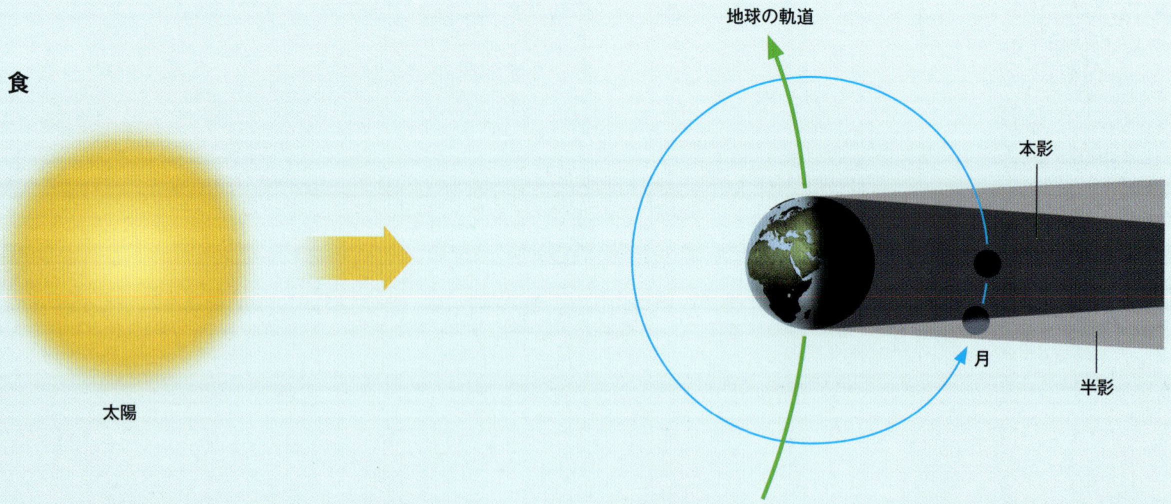

星の一生と死

すべての星は，巨大なガスの雲の中で生まれる。こうしたガスの主成分はビッグバンで作られた水素だが，ごくわずかに，ほかの星の死によってばらまかれた重い元素も含まれている。重力によってガスはひとところに球体状に集められ，中心の圧力が十分に高くなると，核融合反応が始まる。ここで放たれるエネルギーによって，星は光，熱，そして他のさまざまな電磁波を放射している。水素は星の燃料であり，その燃料を使い尽くしてしまうと星は一生を終える。その一生の長さは，星の大きさによって変わる。

恒星の進化

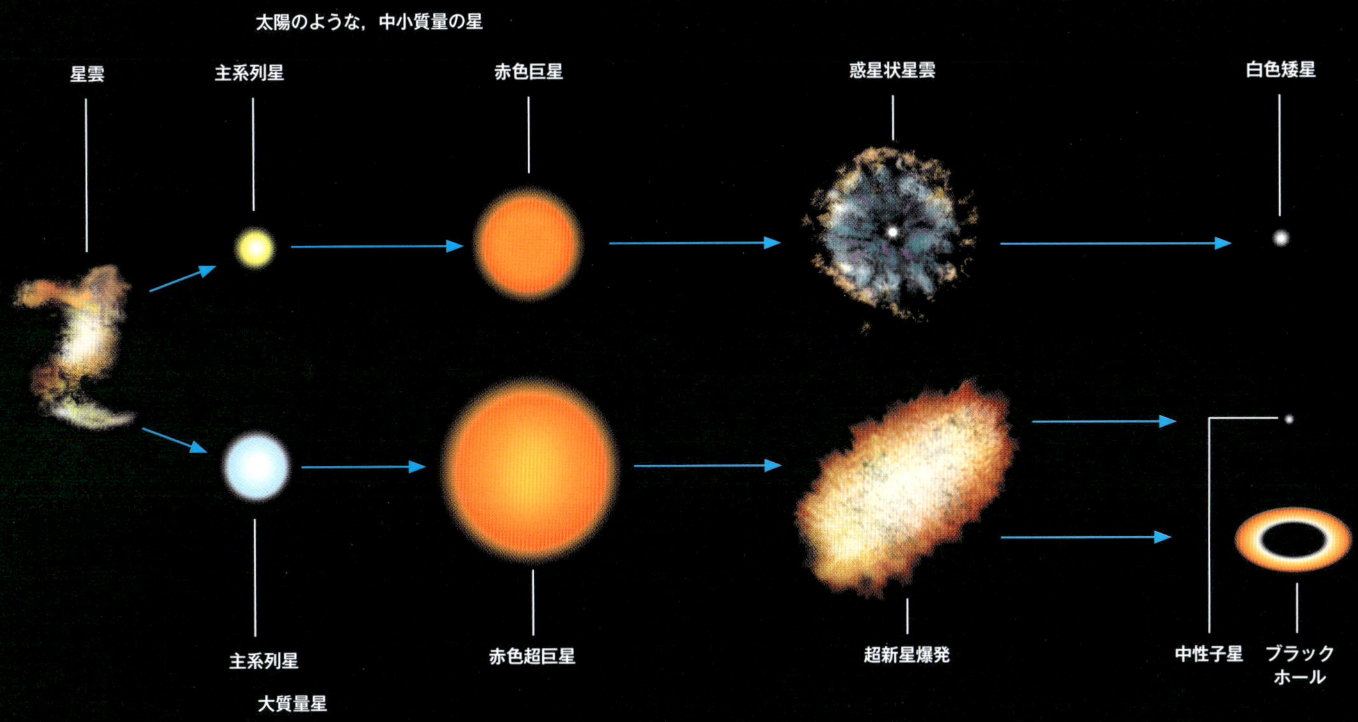

太陽のような平均的な星は，巨大だがやや温度の低い赤色巨星に進化する。しばらくはヘリウムや炭素などの重い元素が内部で核融合を起こすが，最終的には核融合は止まってしまい，巨星の外層は宇宙空間に流れ出して惑星状星雲と呼ばれる雲になる。惑星状星雲には，ナトリウム，ネオンなどの重い元素も含まれる。中心には，白く高温の星「白色矮星（わいせい）」が残される。白色矮星はしだいに冷えて暗くなり，最終的には光を出さない黒色矮星となる。（この宇宙には，まだ黒色矮星は存在しない。白色矮星が冷えきるには何十億年も必要であり，そうした天体ができるにはまだこの宇宙は若すぎるのだ。）

太陽の 10 倍程度よりも大きな質量をもつ星は，進化の最後には超巨星となり，巨大な爆発「超新星爆発」を起こして星自身を吹き飛ばしてしまう。こうした大爆発を起こす星のうちで比較的質量の小さいものは，爆発の後に直径わずか数キロメートルの中性子星を残す。さらに質量の大きな星の中心部は際限なくつぶれ続け，ブラックホールとなる。ブラックホールは小さいがとてつもなく重力の強い天体であるため，光ですらも抜け出すことができない。

宇宙の歴史

宇宙は大爆発で始まった。その爆発は単なる規模の大きな爆発ではなく，宇宙のあらゆる場所で発生し，あらゆる場所が超高温状態になっていたと考えられる。宇宙の歴史とはすなわち，この小さく高温の宇宙が膨張して冷えてくる歴史であった。宇宙が冷えるにつれて，わたしたちになじみの深い天体たちが生まれた。ビッグバンやその後の宇宙の進化を研究する宇宙論の研究者たちは，そのときの宇宙を支配していた現象によって宇宙の歴史を分類している。

宇宙の年代

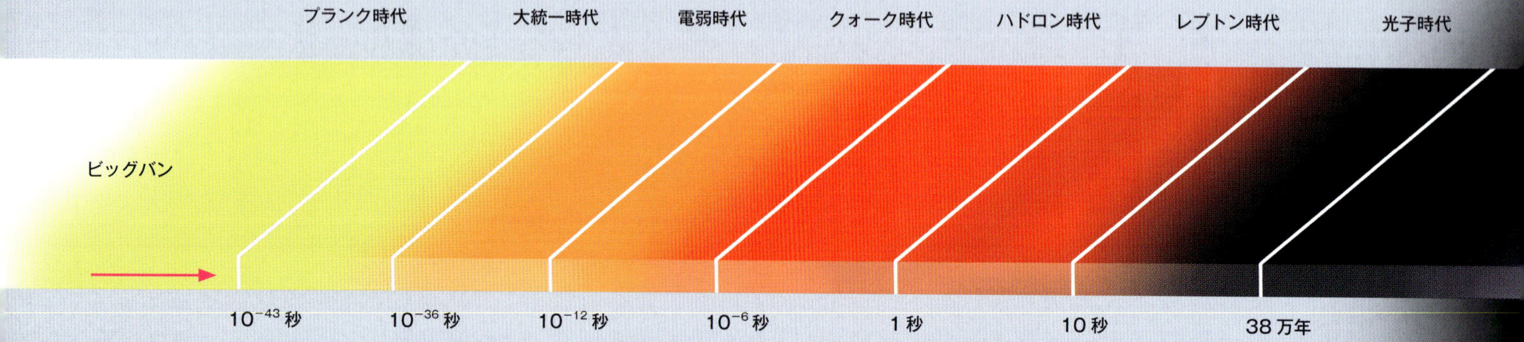

時間の最小分割単位をプランク時間と呼び，宇宙誕生後からこのプランク時間が経過するまでの時代をプランク時代と呼ぶ。現在わたしたちが知っている物理法則はこの時代には適用できないため，宇宙論の研究者たちは超弦理論や超対称性理論などを用いてこの時代を説明しようとしている。こうした理論では，四つの力は統合された一つの力として作用する。

宇宙が冷えてきて，まず重力がほかの三つの力と分離した。しかしほかの力はまだ一つの力として存在していた。

強い相互作用が，弱い相互作用と電磁気力から分離された。弱い相互作用と電磁気力は，この頃もまだ一つの力であった。

クォークと呼ばれる素粒子が誕生した時代。これにより，エネルギーが質量に変換された。

三つのクォークが結合し，ハドロンと呼ばれる大きな粒子が作られた。陽子や中性子もハドロンの仲間である。同時に反ハドロンも作られたが，ハドロンと反ハドロンの対消滅により，ハドロンだけがわずかに残った。

レプトンと呼ばれる小さな粒子（電子やミュー粒子など）が作られたが，同時に反レプトンも作られ，大半が対消滅で消え去った。残ったのは少量のレプトンだった。

物質と反物質の対消滅により大量の光子が作られ，宇宙は光子で満たされた。

ビッグバンから38万年ほどのあいだは，宇宙は光の「もや」に覆われたような状態だった。光が生じてもすぐにまわりを飛び交っている電子に跳ね返されてしまい，直進できなかったからだ。最初の原子が作られると，電子が原子に取り込まれるため，邪魔者がいなくなった光子はようやく前に進めるようになった。宇宙で最初の星や銀河が生まれるのは，それよりもずっと後，宇宙誕生から約８億年経ってからのことだ。

地球は約45億年前に生まれた。現代人類が誕生したのは20～15万年前と考えられている。これは地球の歴史のわずか0.04パーセントに過ぎない。

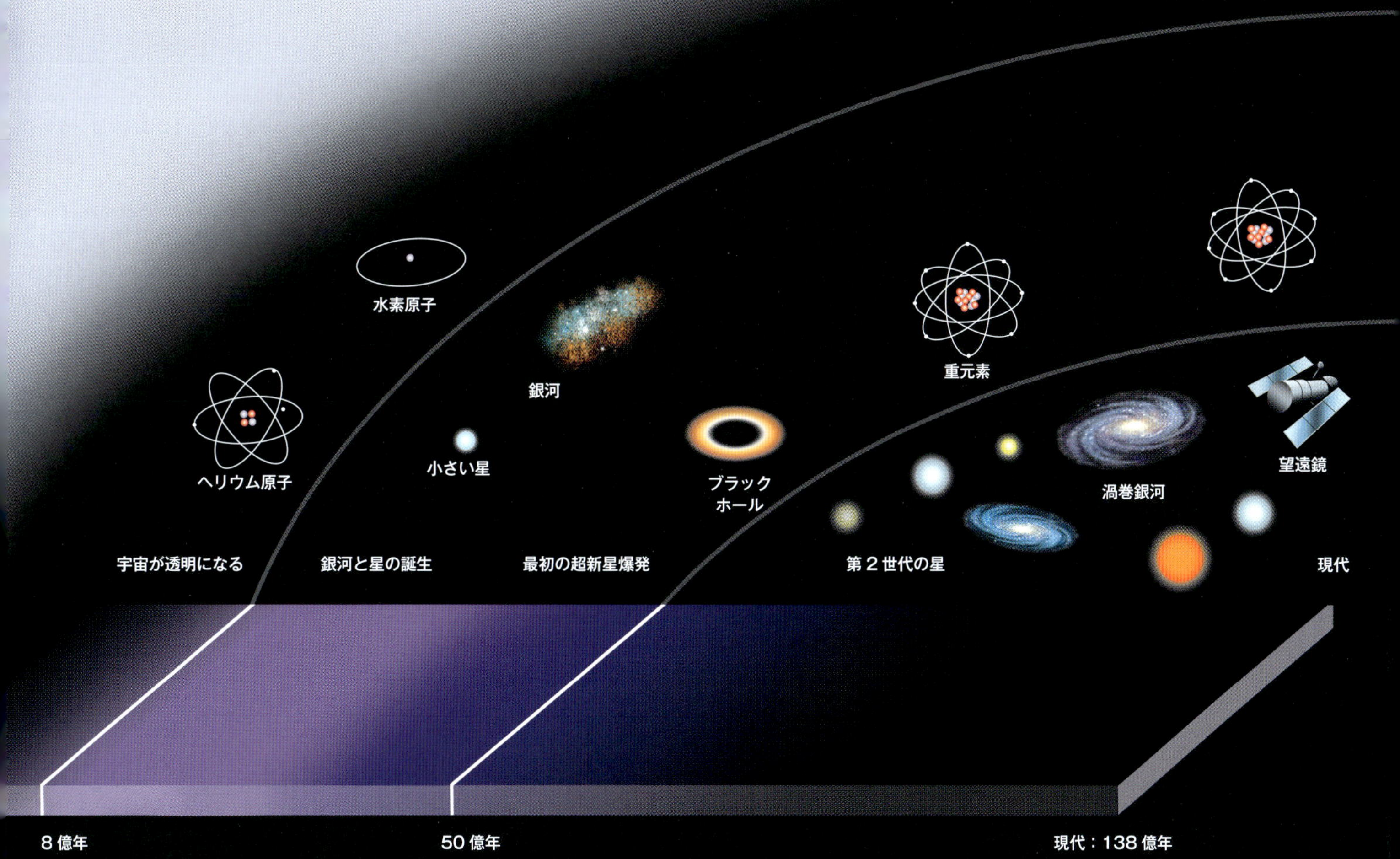

第１世代の星が年老いて，最初の超新星爆発が起きた。こうして最初のブラックホールが作られ，同時に重い元素が初めて宇宙にばらまかれた。こうした物質は，次の世代の星や惑星の材料となった。

高性能望遠鏡によって宇宙の奥深く，つまり宇宙の初期を観測することができる。

銀河の種類

宇宙には，少なくとも 1,250 億個の銀河があると考えられている。（現在の地球人で山分けすれば，一人 15 個わりあててもまだあまるほどだ。）銀河にはさまざまな形，大きさ，そして年齢のものがある。もっとも若いのは形が不規則なもの（不規則銀河）で，若い星が大量に含まれている。天の川銀河のような渦巻銀河は，より進化が進んだ銀河の姿だ。渦巻銀河の多くには中心部に棒状構造があり，そこでは非常に活発に星が作られている。実は，天の川銀河も中心付近には棒状構造が存在している。渦巻銀河や小さな銀河が衝突し合体すると，巨大な楕円（だえん）銀河ができることもある。

まだ答えが見つかっていない問題

ほかのどの学問分野よりも，天文学は今とてもおもしろい時代にあるといってもいいかもしれない。最近の発見により，わたしたちの宇宙に対する考え方は根本から変わろうとしている。謎を挙げればきりがないし，また次の大発見ももうすぐそこまで来ているかもしれない。天文学者たちが今後どんな答えにたどり着くかはわからないが，ここにいくつかの謎を挙げてみよう。

エイリアンはわたしたちのところに来ているか？

20世紀後半の偉大なサイエンスコミュニケーターであったカール・セーガンは，この疑問をいろいろな人からしつこく投げかけられたという。宇宙にはこれだけ長い歴史があり，宇宙はこれだけ広い。であるならば，人類がまだ到達できていないような技術をもち，長い時間のかかる恒星間飛行を成し遂げ，地球に降り立った知的生命体がいてもおかしくないのではないか？ カール・セーガンは，飛行機の発明以降UFOの目撃が増えたことに対して，UFOは冷戦における秘密兵器開発の隠れみのとしてぴったりだったと語っている。しかしカール・セーガンも，宇宙人がいないとはいっていない。わたしたちと出会うことはないだろうといっているのだ。その理由は，単純に宇宙が広すぎるということだ。宇宙人が今まさにわたしたちのところに向かって飛んできているところだ，という可能性は完全には否定しないものの，その可能性は限りなく低いので考慮に値しない，とセーガンは考えていた。地球外知的生命探査（SETI）プロジェクトは，35年間にわたって宇宙からやってくる電波の中に人工的なパターンを見つけ出そうとしてきた。もし明日宇宙からのメッセージが見つかったという発表があったとしても，その電波は非常に長い距離を非常に長い時間かけて飛んできたはずだから，その送り主は人類が地球上に誕生するよりも前に生きていた種族かもしれない。

多く目撃されているというUFOは，宇宙空間よりももっと人間界に近いところに正体がありそうだ。

万物の理論は存在するのか？

万物の理論とは，宇宙のすべてを説明できる一つの理論体系のことだ。現在，わたしたちが構築した理論は二つある。三つの力（強い相互作用，弱い相互作用，電磁気力）を説明する大統一理論と，重力を説明する一般相対性理論だ。これらを統一できると期待されている理論に，超対称性理論がある。超対称性理論は弦理論から生まれたもので，弦理論では，原子よりも小さな粒子は点ではなく線あるいは「ひも」状のものだと考え，そこにいくつもの次元がコンパクトに収められているとする。数学的取扱いとしては，ひもの振動のしかたによって，スピンや電荷といった粒子の性質が決まるという。超対称性理論では力を媒介する粒子ボゾン（たとえば，電磁気力を伝える光子）とフェルミオン（電子やクォークなど）のあいだに関わりがあるという。質量をもたないボゾンと質量をもつフェルミオンとの関係は，物体に質量を与えるというヒッグスボゾンの発見によってさらに探求が進むことだろう。

宇宙はどのように終わるのか？

宇宙に始まりがあったということは，終わりもあるかもしれない。もし宇宙の膨張が止まったとしたら，宇宙は収縮に転じ「ビッグクランチ」で終わると考えられていた。ちょうどビッグバンを逆再生させたようなものだ。もし宇宙が重力を振り切って膨張を続けたとしたら，エネルギーが失われて冷たく不活発な宇宙になるかもしれない。そして最終的には熱的な死「ビッグフリーズ」が訪れるだろう。宇宙に含まれるエネルギーや物質は拡散しきってしまい，宇宙の中では二度と何も起こらないという状況になるのだ。しかし現在の研究によれば，宇宙はその膨張の速度をさらに増しているという。これは，正体不明のダークエネルギーによるものと考えられている。ダークエネルギーの力は宇宙が膨張すればするほど増大するから，宇宙の膨張はますますはげしくなっているのだ。星々は引きはがされ，銀河は崩壊してしまう。星と惑星のあいだは引き裂かれてしまう。 そして原子ですらバラバラに引き裂かれて，「ビッグリップ」を迎えてしまうかもしれない。では，わたしたちにはどれくらいの時間が残されているのだろう？ 一説には，およそ220億年だという。

宇宙の終わりがどのようであろうとも，それは壮大な終焉になるだろう。

ビッグバンの前には何があった？

ビッグバンで時間と空間が生まれたということは，その前には何もなかったはずだ。あるいは，ビッグバンというのは「ビッグバウンス（巨大な跳ね返り）」だったのかもしれない。一つ前の宇宙が「無」へと崩壊し（ビッグクランチ），そこから跳ね返って今の宇宙ができたというのだ。

原子を形作る粒子は実際には粒子ではなく（そして波でもなく），10次元空間で振動するひもだという。現代の理論研究は，ここまで来ている。

まだ答えが見つかっていない問題

別の宇宙は存在するのか？

3次元空間に住むものとして，わたしたちは4次元時空での変化を3次元空間でのスナップショットの連続として感知している。これが，時間の経過である。もし，時間が長さだけでなく，幅をもっているとしたらどうだろう。あるいは時間が分岐するといったほうがわかりやすいかもしれない。四つ目の次元を「時間の経過」としてしか知覚できないから，この五つ目の次元，つまり別の「現在」「過去」「未来」をわたしたちは感じることができない。もしあらゆる事柄に二つ以上の結果があるとしたら，つまりそのたびごとに時間軸が二つ以上に分かれるとしたら，「別の宇宙」の数はすぐに膨大なものになってしまう。それぞれの宇宙では物理法則は同一だが，質量やエネルギーが異なる状態にあるということになる。このような「別の宇宙」は存在しうるのだろうか？　あるいは，実際にわたしたちの宇宙の外に存在しているのだろうか？　そして，そうした宇宙とわたしたちの住む宇宙のあいだで情報のやり取りは可能なのだろうか？　もし可能なら，いつの日か「別の宇宙」を見つけることができるかもしれない。

別の説では，ある宇宙が目いっぱい膨張しきったときに子宇宙ができるという。宇宙が裂ける「ビッグリップ」で作られる低密度状態が，ビッグバンが起きる前の条件と合致しているという説もある。

グラビトンは存在するのか？

この世のすべてを形作る粒子をまとめたものを，標準模型と呼ぶ。これらの粒子のなかには，ゲージボゾンと呼ばれる種類の粒子がある。ゲージボゾンの役割は，ほかの粒子のあいだでエネルギーを運ぶことだ。このエネルギーのやりとりとは，力のやりとり，つまり粒子を押したり引いたりすることだ。電磁気力を担うゲージボゾンは光子，強い相互作用を担うゲージボゾンはグルーオン，弱い相互作用を担うゲージボゾンはWボゾンとZボゾンだ。では重力を担うゲージボゾンは？　仮にグラビトンと名づけておこう。しかし重力は，標準模型には含まれない。重力を含む統一的な理論は，まだできあがっていないのだ。この宇宙にはグラビトンが満ちあふれているかもしれず，もしグラビトンが発見できたら，重力のはたらき方もより詳しくわかるかもしれない。しかし重力はほかの三つの力に比べて圧倒的に弱いので，グラビトンを見つけることは現在の技術では不可能だと考えられている。

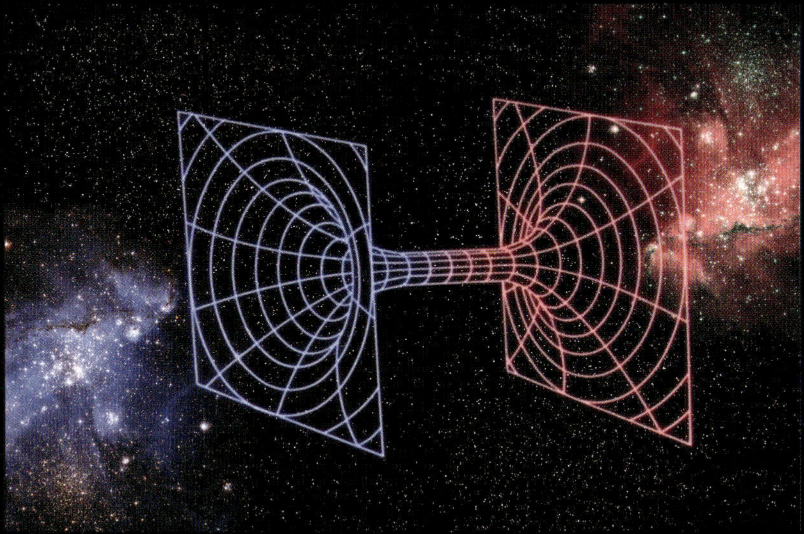

ワームホールとは，底が別のところにつながったブラックホールかもしれない。

恒星間飛行は実現可能か？

太陽にもっとも近い恒星は，約 4 光年ほどの距離にある。今わたしたちがもっているロケットは，光の速度の 4,000 分の 1 くらいの速度しか出せないから，もっとも近くの恒星まで飛ぶのですら，有史以来の人間の歴史と同じくらいの非常に長い時間が必要になる。より速く，より継続的に飛行が可能なロケット技術も提案されてはいるが，それでも恒星間飛行に必要な時間が数千年から数百年まで短くなるに過ぎない。そして太陽の近くにある星は，ほとんどが暗い赤色矮星（わいせい）だ。もっとおもしろい天体を探査しようと思ったら，さらにその100 倍，1,000 倍，あるいは100 万倍もの時間が必要になってしまう。しかし理論的には，移動しなくても恒星間飛行をすることが可能である。時空は，質量によってゆがんでいる。もしわたしたちがなんとかして宇宙空間をゆがめてワームホールを作ることができれば，一瞬にして長い距離を移動できることになる。しかしそんな空間の重力は猛烈に強いから，足を踏み入れたら頭が入ってくる前に猛烈な力がかかることになる。それは，目も当てられないような結末をもたらすかもしれない。

ニュートリノは一体どこにあるのか？

太陽の中で進む核融合反応で原子からエネルギーが放出されるとき，同時に小さく目立たない粒子ニュートリノも放出される。わたしたちの太陽もほかの星たちも，毎秒何十億個ものニュートリノを放出しているのだ。宇宙はニュートリノで満たされているといってもいいかもしれない。しかし，わたしたちがニュートリノを捕まえるのは非常にたいへんだ。ニュートリノは周囲のものとはほとんど反応しない，つまり相互作用が弱いのだ。ニュートリノは地球ですら通り抜けてしまう。今この瞬間も，あなたの体をたくさんのニュートリノが通り過ぎているはずだ。しかし，物理学者は実際にこのニュートリノを捕らえている。その方法とは，廃坑を放射性の重水で満たし，ひたすら待つというものだ。ほとんどのニュートリノはそこを通り抜けてしまうが，ごくまれにニュートリノが水分子に衝突してかすかな光を放つことがある。1987 年に出現した超新星爆発からの反ニュートリノ（ニュートリノの反粒子）がこうして検出されたのは有名だ。この超新星爆発では 10^{58} 個のニュートリノが放出されたと推測されるが，人類が捕らえたのはそのうちわずかに 24 個だけだった。

ニュートリノ検出器の内部。光センサーがずらりとならび，ニュートリノが放つわずかな光を待ち構えている。この検出器は宇宙線の影響を避けるために，地下に設置されている。

偉大なる天文学者たち

天文学者の仕事といえば，観測だ。望遠鏡で，あるいは電波をとらえるアンテナで，あるいは肉眼によるものでもいいだろう。しかし偉大な天文学者は，それを超えた業績を残している。彼らは観測したものを解釈し，遠く離れた天体から普遍的な知識を引きだし，隠された天体の存在を紐解いてきた。いったい，何がそれを可能にしたのだろうか？　ここでは，そんな偉大な天文学者たちの人生を少しのぞいてみよう。

アリスタルコス

生　年	紀元前 310 年頃
生誕地	不明
没　年	紀元前 230 年頃
重要な業績	初めて月と太陽までの距離を比較した

サモスのアリスタルコスは，太陽を中心とした地動説においてニコラウス・コペルニクスが最初に言及した人物である。コペルニクスは月と太陽までの相対距離を測った古代ギリシアの研究からなんらかのひらめきを得たはずだ。そしてこのことは，アリスタルコスの存在を証明する数少ない証拠なのだ。アリスタルコスのアイデアは，同時代の人々にはまったく無視された。アルキメデスはアリスタルコスよりも30 歳若く，アリスタルコスの天文学における成果について言及した数少ない人物の一人である。アリスタルコスはアレクサンドリアに住んでいたあいだ，ランプサコスのストラトンに学んでいた。ストラトンはそこで王室つきの家庭教師をしていたが，その後アテネにあるアリストテレスの学園を引き継いだ。

アインシュタイン，アルベルト

生　年	1879 年 3 月 14 日
生誕地	ドイツ，バーテンベルクのウルム
没　年	1955 年 4 月 18 日
重要な業績	相対性理論の確立

幼い頃から彼自身が立てた知的な課題を追い続けていたアインシュタインは，彼の教師たちからの評価は今ひとつだった。まだ 10 代だった頃，彼の両親がイタリアで仕事を探しているあいだ，アインシュタインは学校へ行くためにミュンヘンに残された。彼は聞き分けのよい学生ではなかったようで，疑う余地もなく天才であったにもかかわらず，その学業実績のために若い頃の仕事に苦しんだ。アインシュタインは結婚し，1903 年にスイスのベルンにある特許事務所に職を得た。仕事はさほど大変なものではなかったため，アインシュタインは彼の理論を練り上げることができた。そして 2 年後，その成果によって物理学界のスターの座におどり出た。

アリストテレス

生　年	紀元前 384 年
生誕地	ギリシアのスタゲイラ
没　年	紀元前 322 年
重要な業績	初期の西洋科学に大きな影響を与えた

王室つきの医者の息子だったアリストテレスは，マケドニアの貴族として生まれた。その地位にふさわしく，彼はプラトンの弟子として，アテネで教育を受けた。アリストテレスの作りあげた考え方は，彼の師やその他のギリシア哲学者が残した考え方に取って代わることとなった。たしかにアリストテレスはたくさんのまちがいを犯したので，科学の発展の妨げになったととらえられることもよくある。しかし，アリストテレスは文学や論理学，形而上学（けいじじょうがく），語学，そして生物学などにおいて，現代のわたしたちに多くのものを残した。遠くトルクメニスタンやアイルランドからも知識人が集まり，アリストテレスの周囲ではこの 2,000 年間でもっとも哲学が進歩したといっていいだろう。

エディントン，アーサー

生　年	1882 年 12 月 28 日
生誕地	英国，ウェストモーランド（現カンブリア）のケンダル
没　年	1944 年 11 月 22 日
重要な業績	恒星内部の核融合理論を提唱

エディントンは，星の組成や光る仕組みの理解に大きな役割を果たした。彼はまた，アインシュタインの相対性理論が正しいことの証明も行った。（彼の観察結果自体はのちにまちがいが指摘されているが。）1919 年，物理学者のルードウィク・シルバースタインは，相対性理論を本当に理解した三人のうちの一人としてエディントンをたたえた。シルバースタインがいうほかの二人とは，自分自身と，もちろんアインシュタインであった。シルバースタインがエディントンに同意を求めたときエディントンは唖然として沈黙し，その沈黙の理由をこう話したのだった。「三人目に選ばれるべきは誰かな，と考えていたところでした。」

エラトステネス

生　年	紀元前 276 年頃
生誕地	リビアのキュレネ
没　年	紀元前 194 年頃
重要な業績	地球の大きさを計算

アレキサンドリアの大図書館の館長の職にあったエラトステネスは，当時世界でもっとも豊富な情報に触れることができた人物であった。そしてこれを利用して，有名な地球の大きさの計測を行った。これらの業績によって，エラトステネスは地理学の父と呼ばれることになった。地理学（geography）という言葉そのものも，エラトステネスが作りだしたものだ。エラトステネスはまた平等主義者でもあり，「ギリシア人は純潔を守るために野蛮なほかの民族との結婚を避けるべきだ」というアリストテレスの言葉に反対していた。エラトステネスは北アフリカの出身であったから，彼自身がアリストテレスの立場とは相いれなかったのだ。

カッシーニ，ジャン＝ドミニク

生　年	1625 年 6 月 8 日
生誕地	ジェノヴァ共和国（現イタリア）のペリナルド
没　年	1712 年 9 月 14 日
重要な業績	パリ天文台の初代台長

のちに北イタリアとなるジェノヴァ共和国生まれのカッシーニは，ジョヴァンニ・ドメニコ・カッシーニの名前でも知られている。彼の生きた時代の科学者には珍しいことではないが，カッシーニはオカルト好きで，ボローニャ大学で教授を務めるとともに人気の占星術師でもあった。1669 年，太陽王を自称し誰も逆らうことができない存在であったルイ 14 世によって，カッシーニはパリ天文台の台長となるべくパリへと呼び寄せられた。これは今でいうヘッドハンティングである。カッシーニが土星の観測において成果を出したのは，このパリ天文台時代であった。土星の環に見られる隙間は，今では「カッシーニの隙間」と呼ばれている。

ガリレイ，ガリレオ

生　年	1564 年 2 月 15 日
生誕地	イタリアのピサ
没　年	1642 年 1 月 8 日
重要な業績	初めて望遠鏡を使って観測を行った

ガリレオは天文学者として，そして物理学者としてよく知られており，研究に初めて数学を適用した学者の一人である。父親が音楽家であり数学者でもあったことでガリレオは科学を職業に選んだが，彼はいつもビジネスチャンスを探していた――彼の家族はいつも金銭トラブルを抱えていたのだ。望遠鏡はそんな一攫千金の方法の一つで，多くのお金を稼ぐことができた。しかしガリレオが望遠鏡を通して見た宇宙の姿は，教会との対立の原因となった。投獄を逃れ収入を確保するため，ガリレオは地球が太陽のまわりを回っているという彼の理論を撤回せざるを得なかった。

ギルバート，ウィリアム

生　年	1544 年 5 月 24 日
生誕地	英国，エセックス州のコルチェスター
没　年	1603 年 12 月 10 日（グレゴリオ暦では 11 月 30 日）
重要な業績	地球の磁場の発見

ニュートンよりも前の，しかしコペルニクスよりも後の時代の人物であるギルバートによって発見された地球磁場は，当初，天の世界を駆動する見えない力の源なのではないかと考えられた。しかしギルバートの関心はほかにあった。ギルバートは，エリザベス 1 世の侍医を 1603 年に彼女が亡くなるまで務め，その後を継いだジェームズ 1 世の侍医も務めていたのだ。ジェームズ 1 世は，スコットランドとイングランドを同時に統治する最初の王であった。英国の歴史の大きな転換点だったのである。ギルバート自身はペスト大流行の数カ月後に亡くなったが，新しい王にペストの被害が及ぶことはなかった。

ゴダード，ロバート

生　年	1882 年 10 月 5 日
生誕地	米国，マサチューセッツ州のウースター
没　年	1945 年 8 月 10 日
重要な業績	液体燃料ロケットの発明

ゴダードは今では米国の国民的ヒーローであるが，生前はその業績はあまり評価されていなかった。そこで彼の家族は，1951 年にロケットに関する特許侵害について米国政府に対して訴訟を起こした。ナチスの科学者たちによって開発されたロケットは，ゴダードの初期のロケットと多くの共通点をもっていた。これは 1945 年に彼が亡くなる数カ月前に，拿捕（だほ）したV-2 ロケットをゴダード本人が確認して報告したことである。特許に関する騒ぎは 10 年に及び，そのなかで生前のゴダードの業績が広く世に知れ渡り，ゴダードにはゴールドメダルや NASA の宇宙センターに名前が冠されるという栄誉が与えられた。けっきょく彼の家族は 1960 年としては破格の 100 万ドルを手にし，特許争いに終止符が打たれた。

ケプラー，ヨハネス

生　年	1571 年 12 月 27 日
生誕地	ヴュルテンベルク（現ドイツ）のヴァイル・デア・シュタット
没　年	1630 年 11 月 15 日
重要な業績	楕円軌道の発見

ケプラーは貧しい雇われ傭兵（ようへい）の家に生まれた。父親はケプラーが 5 歳のときに戦争に駆り出され，戻ってこなかった。ケプラーは祖母が営む旅館で暮らし，客の世話を手伝った。その後ケプラーはテュービンゲンの厳格なプロテスタントの学校に入学し，ルター派の聖職者になることを期待されていた。しかし宗教戦争によって，ケプラーはドイツからプラハに移住せざるを得なかった。ケプラーはそこで，ティコの助手となった。ケプラーはその後も信仰心を忘れなかったが，惑星の軌道が真円ではないことを明らかにしたことで，ローマ法王から破門されてしまった。

コペルニクス，ニコラウス

生　年	1473 年 2 月 19 日
生誕地	ポーランドのトルン
没　年	1543 年 5 月 24 日
重要な業績	地動説を提唱した

コペルニクス（ポーランド語ではミコワイ・コペルニク）は，商人の家に生まれたが，父親の死後，母親の兄弟であり有力な司祭である叔父によって育てられた。コペルニクスは熟練した医者であり法律家であると同時に，4 カ国語を操り，彼の兄や姉に続いて叔父が用意した聖職者の職についた。叔父のルーカスは，甥（おい）のコペルニクスを当時の知識人たちに紹介していたので，コペルニクスは気兼ねして叔父が亡くなるまで地動説についておおやけに語らなかったのではないかといわれている。

シュバルツシルト，カール

生　年	1873年10月9日
生誕地	ドイツのフランクフルト
没　年	1916年5月11日
重要な業績	ブラックホールの大きさを計算

シュバルツシルトは，ふつうの子どもとはまったく違っていた。16歳で彼は天体力学の論文を出版している。23歳で彼は，多次元幾何学の研究で博士号を取得した。その有能さを買われ，ウィーン天文台を経て彼はゲッティンゲン天文台の台長に就任した。その職は，かつて「数学の王」カール・フリードリヒ・ガウスも務めていたものである。シュバルツシルトは1915年にロシア戦線に送られたが，彼の代表的な研究成果はここで生まれた。第一次世界大戦中に彼は自己免疫疾患を発症し，これがもとで命を落とすことになった。

チャンドラセカール，スブラマニアン

生　年	1910年10月19日
生誕地	インドのラホール（現パキスタン）
没　年	1995年8月21日
重要な業績	超新星の最小質量を計算

チャンドラセカールの名前は，チャンドラセカール限界という単語として天文学の世界に刻まれた。これは，超新星となる星の中心部分の最小質量のことである。彼の名前は，サンスクリット語で「月をつかむ者」という意味だ。チャンドラセカールは20代にインドで勉強し，その後奨学金を得てケンブリッジで大学院時代を過ごした。彼の有名な発見は，このケンブリッジへの渡航中の出来事であった。1984年にチャンドラセカールはノーベル賞を受賞し，チャンドラX線宇宙望遠鏡は彼の名にちなんで命名された。

セーガン，カール

生　年	1934年11月9日
生誕地	米国，ニューヨーク州のブルックリン
没　年	1996年12月20日
重要な業績	探査機の設計と科学の普及

カール・セーガンは，その時代の代表的な天文学コミュニケーターであった。研究の世界に身を置きNASAではたらいた経験も助けとなって，セーガンはテレビのパーソナリティや科学ライターとしての仕事をこなし，また核兵器反対運動にも力を入れた。1980年に放送されたテレビ番組シリーズ「コスモス」により，多くの人が天文学や宇宙論のとりことなった。その後セーガンは地球外知的生命探査（SETI）の推進者となり，また「核の冬」という言葉を作りだして核兵器戦争に警鐘を鳴らした。

ツィオルコフスキー，コンスタンティン

生　年	1857年9月5日（グレゴリオ暦では9月17日）
生誕地	ロシアのイジェーフスコエ
没　年	1935年9月19日
重要な業績	ロケットによる宇宙飛行を提唱

ツィオルコフスキーは，10歳のときに猩紅熱に感染して聴力を失った。このことによって彼はより一層引きこもるようになり，彼の父の書斎にある本で独学で勉強した。ツィオルコフスキーはモスクワの南西にある小さな町の学校で数学を教えていたが，周囲からは変わり者とみなされていた。彼の業績は，孤独に黙々と考え続けた結果といえる。ロケットでの宇宙飛行以外に，地球周回軌道にある基地まで人々を送り届ける宇宙エレベーターを考案したのもツィオルコフスキーであった。

ツビッキー，フリッツ

生　年	1898年2月14日
生誕地	ブルガリアのヴァルナ
没　年	1974年2月8日
重要な業績	ダークマターの発見と超新星の研究

ツビッキーは，スイス人とチェコ人の両親のあいだにブルガリアで生まれ，その生涯のほとんどをカリフォルニアで過ごした。ツビッキーは裕福な議員の娘と結婚したので，その財産によってカリフォルニア工科大学のパロマー天文台は円滑に観測を続けることができた。ツビッキーは1930年代に世界最初のシュミット望遠鏡の1台をパロマー天文台に設置し，広視野観測に使用した。この望遠鏡は超新星探しに威力を発揮した。天文学以外では，ツビッキーはジェットエンジンやロケットの研究も行った。一説によれば，彼が実験で打ち上げた金属の弾丸は，人類史上初めて太陽を周回する軌道に乗ったとされている。しかしこれはまったく彼の実験計画にはないことであった。

ニュートン，アイザック

生　年	1642年12月25日（グレゴリオ暦では1643年1月4日）
生誕地	英国，リンカーンシャーのウールズソープ
没　年	1727年3月20日（グレゴリオ暦では3月31日）
重要な業績	重力の法則の発見

ニュートンが残した光学，微分積分学，そして重力の法則は，現代物理学の基礎になっている。それは300年後，月に人類を送る際にも活用された。父親を早くに亡くし，母親とはそりが合わなかったため，ニュートンは子どもの頃から引きこもりがちで，わがままで，執念深い性格だった。有名なリンゴの逸話は，英国で大流行したペストを避けて故郷のリンカーンシャーにニュートン一家が移住したときに話題に上ったものだという。ニュートンは自らの発見を注意深く隠していたので，世間に発表されるまでに10年以上経過していることもあった。

トンボー，クライド

生　年	1906年2月4日
生誕地	米国，イリノイ州のストリーター
没　年	1997年1月17日
重要な業績	冥王星の発見

トンボーの家族は農業を営んでいて，トンボーを大学に通わせることができなかった。このためトンボーは自ら設計し自ら磨いたレンズと鏡で望遠鏡を自作した。彼が天体スケッチをローウェル天文台に送ったところ，そのすばらしさが天文台職員の目に留まり，この天文台ではたらくことになった。第二次世界大戦中，彼は海軍の軍人に天体航法を教えた。彼は1950年代には誘導ミサイルの研究を行ったが，その後はニューメキシコ州立大学で天文学の教授となった。

ハーシェル，ウィリアム

生　年	1738年11月15日
生誕地	ハノーファー王国（現ドイツ）のハノーファー
没　年	1822年8月25日
重要な業績	天王星の発見

ウィルヘルム（ウィリアム）・ハーシェルの父は，ハノーファー王国軍の楽団に勤めていた。そしてウィルヘルムと兄ヤコブもその楽団に勤務することになり，ウィルヘルムはオーボエを担当していた。しかしハステンベックの戦いでハノーファーが敗れると，ウィルヘルムは軍を辞め，英国に渡った。英国では音楽教師として身を立て，バースの町の楽団長を務めた。英国で彼はウィリアムと名を変え，妹カロラインものちに英国に渡ってきた。ウィリアムとカロラインは天体観測で協力しあい，アマチュア天文家として名をはせ，最終的には王室つき天文学者となるにいたった。

ハッブル，エドウィン

生　年	1889 年 11 月 20 日
生誕地	米国，ミズーリ州のマーシュフィールド
没　年	1953 年 9 月 28 日
重要な業績	宇宙膨張の発見

ハッブルが宇宙や星に興味をもったのは，SF 小説がきっかけだった。なかでも，初めて宇宙飛行を題材に小説を書いたジュール・ベルヌの作品の影響が大きかったという。ハッブルは，大学時代には数学や科学だけでなくスポーツにも才能を発揮した。ハッブルはオクスフォード大学のローズ奨学金を獲得し，科学ではなく法律家の道を選んだ。しかしその時代は不遇であった。第一次世界大戦では軍隊に入ったが，その後ウィルソン山天文台に職を得た。このときウィルソン山天文台には巨大なフッカー望遠鏡がちょうど設置されたところであり，ハッブルとその同僚たちは世界最高の視界を手に入れたのだ。

ハレー，エドモンド

生　年	1656 年 11 月 8 日
生誕地	英国，ロンドンのショーディッチ
没　年	1742 年 1 月 14 日
重要な業績	彗星が軌道運動していることを証明

エドモンド・ハレーは，彼の名で呼ばれることになる彗星（すいせい）が再び戻ってくることを予測したことで知られている。これにより，太陽のまわりを回っているのは惑星だけではないことがわかった。しかし，ハレーの科学への貢献はこれ以外にもある。1676 年から 1678 年にかけてハレーは南大西洋に航海し，南天の星図を初めて正確に作成したのだ。その航海の途中でハレーは，地球磁場の方向の測定も行なっている。ハレーが作った星図は，多くの船乗りが経度の計算に用いた。1720 年，ハレーは 2 代目の王立天文台長に就任した。

ハリソン，ジョン

生　年	1693 年 3 月
生誕地	英国，ヨークシャー州のフォールビー
没　年	1776 年 3 月 24 日
重要な業績	航海のための正確な時計の発明

ヨークシャーの片田舎の大工であったジョン・ハリソンは，苦労の末に 18 世紀英国の社交界・科学界をのぼりつめ，最終的には王室に献上されるほどの時計職人になった。彼の生涯の目標は，経度法による賞金を獲得し，財を成すことであった。ハリソンが開発した航海用クロノメーターは非常に高い精度をもっていることが幾度となく証明されたが，そのたびに賞の選定委員会からは拒絶された。彼の時計にはまだ誤差があったので，時計を使って経度を決めると経度にも誤差が含まれるからだ。賞を与える天文学者にとっては，その誤差は許容できないものであった。

ヒッパルコス

生　年	不明
生誕地	ビテュニアのニカイア（現トルコのイズニク）
没　年	紀元前 127 年以降
重要な業績	三角法の開発

ヒッパルコスは，自身で観測した天体の運動を説明するために三角法を編みだした。ヒッパルコスは一生のほとんどをエーゲ海のロードス島（トルコ沖にあるギリシア領の島）で過ごした。ヒッパルコスは直感的に惑星は太陽のまわりを回ると考えており，その運動を計算した最初の人物である。しかしその計算の結果，惑星は完全な円軌道には乗っていないことがわかった。宇宙は完ぺきで惑星の運動は円軌道であるべきだと当時考えられていたため，ヒッパルコスは自身の直感はまちがっていると結論づけてしまった。

ビュフォン，ルクレール・ド

生　年	1707年9月7日
生誕地	フランスのモンバール
没　年	1788年4月16日
重要な業績	初めて科学的に地球の年齢を求めた

ジョルジュ＝ルイ・ルクレール・ド・ビュフォンは博学な人物だった。彼は，生物の種の形成や進化についてダーウィンよりも1世紀も前に考察し，確率論に微分積分学を導入し，しかもこの間彼はフランス王の植物園の管理者をしていた。彼は名もない家に生まれたが，子どものいない洗礼親からのばく大な遺産を相続した。若い頃にヨーロッパ中を遊び歩いた後ビュフォンはフランスへ戻り，称号を手にし，パリで紳士的な科学者としてふるまった。

プトレマイオス

生　年	紀元100年頃
生誕地	エジプト
没　年	紀元170年頃
重要な業績	『アルマゲスト』の執筆

クラウディオス・プトレマイオスは，ローマ市民でありながら当時の知識人のあいだで使われていたギリシア語を使うことができた。皮肉にも，その後の時代にはラテン語が知識人のあいだでは使われるようになった。プトレマイオスという名前だが，彼はエジプトの支配者ではない。エジプトの王族にはプトレマイオスという名のファラオが多くいるため，混同を避けるために「賢者プトレマイオス」と呼ばれることもある。プトレマイオスはその生涯の大半をアレキサンドリアで過ごしたが，一説によれば彼は「上エジプト人」すなわちエジプト南部出身であるという。エジプトにおける「上下」は，地図から想定されるものとは逆で，ナイル川の流れに沿ってつけられている。

フーコー，レオン

生　年	1819年9月18日
生誕地	フランスのパリ
没　年	1868年2月11日
重要な業績	地球の自転を証明した実験物理学者

フーコーの振り子は非常に有名になり，現在世界中の博物館や科学館を美しく飾っているが，フーコーは彼と同郷であるイッポリート・フィゾーが使用していた光の速度を測るための装置の性能を向上させるという仕事もした。しかし，一歩まちがえば彼の人生はまったく違ったものであったかもしれない。フーコーは医者になることを目指していたが，血液恐怖症のためにその目標を断念した。フーコーは物理学に転身し，その時代の最先端であった写真技術の研究を行い，顕微鏡法にも少し触れた。1850年代は彼がもっとも活躍した10年であり，電気力学，光学，ジャイロスコープなどの研究を行った。

ブラウン，マイク

生　年	1965年6月5日
生誕地	米国，アラバマ州のハンツビル
没　年	–
重要な業績	いくつかの準惑星の発見

天文学の殿堂に名を連ねるにはまだ早いかもしれないが，マイク・ブラウンは太陽系外縁天体の発見において快進撃を続けており，その数において他の研究者を圧倒している。太陽系外縁天体は太陽系でもっとも外側の惑星である海王星のさらに外側の軌道を回る天体で，冥王星のほか，カイパーベルトより外側に存在する天体もその仲間とされる。ブラウンの研究チームは，ここ10年のあいだに14個の外縁天体を発見した。そこには最大の準惑星であるエリスや，人類が初めて目にするオールトの雲の天体・セドナが含まれている。ブラウンの研究がきっかけになって，2006年に冥王星が惑星から外されることになった。

フラウンホーファー，ヨーゼフ・フォン

生　年	1787年3月6日
生誕地	バイエルン（現ドイツ）のストラウビング
没　年	1826年6月7日
重要な業績	分光学の確立

元の姓は単にフラウンホーファーだったが，のちに爵位を得てフォン・フラウンホーファーと名乗るようになった。フラウンホーファーは11歳のときに孤児となり，ガラス職人の見習いとなった。13才のとき，はたらいていたガラス工場が倒壊し，若いフラウンホーファーは生き埋めにされた。このときバイエルン王マクシミリアンによって救助が行われ，彼はフラウンホーファー少年の味方となり，その後の少年の教育の資金援助をした。フラウンホーファーはレンズ職人として腕を磨き，非常に透明で色収差のない光学ガラスを作る方法を編みだした。この発明はフラウンホーファーの分光器やほかの光学装置に応用され，天文学の姿をがらりと変えるきっかけとなった。

フラムスチード，ジョン

生　年	1646年8月19日
生誕地	英国，ダービー近郊のデンビー
没　年	1719年12月31日
重要な業績	最初の王立天文台長

フラムスチードは，19歳にして天文四分儀の設計と使用法についての論文を執筆している。当時の多くのアマチュア天文家と同様に聖職者の仕事をしていたフラムスチードは，10年後に「王様の天文台つきの天文学者」，つまり新しく設立された王立グリニッジ天文台の台長職を提示された。フラムスチードは王立天文台長として，恒星カタログの更新に力を注いだ。そのカタログにはティコのカタログの3倍の数の星が記載されていた。1712年，そのカタログが完成に近づいたとき，アイザック・ニュートンとエドモンド・ハレーはその大部分を盗み出し，海賊版として出版してしまった。

ブラーエ，ティコ

生　年	1546年12月14日
生誕地	デンマークのスコーネ
没　年	1601年10月24日
重要な業績	望遠鏡が登場する前の時代の，最後の偉大な天文学者

ティコがありあまる財産を享受していたことは，よく知られている。一時期，彼の財産はデンマークの総資産の1パーセントにも及んだといわれている。大学時代，ティコは数学公式の妥当性をかけた決闘で鼻を削ぎ落とされてしまった。その後生涯にわたって，彼は顔面の穴を隠すために，金でできたつけ鼻を装着していた。ティコはヘラジカをペットに飼っていたとされるが，ペットについて聞かれると彼は，酔っ払って階段から落ちて死んでしまったよ，といってはぐらかした。ティコはプラハでの王室の食事会のあいだ，その礼儀正しさからトイレを我慢したことにより，腎臓の疾患で死んでしまったとされている。

ベッセル，フリードリヒ

生　年	1782年7月22日
生誕地	ブランデンブルク（現在のドイツ）のミンデン
没　年	1846年3月17日
重要な業績	視差を使って星までの距離を測った

ベッセルの経歴は貿易会社の会計課の徒弟から始まった。荷物を船で運ぶための航路を計算する彼の能力はすぐさま計り知れないものとなり，その能力を星空へと応用することになった。ベッセルはハレー彗星の動きを計算し，16歳にしてブレーメン近郊の天文台の下位研究者の地位についた。その10年後，ケーニヒスベルクのプロシアン王立天文台の台長となった。それから何年もたってから，このバルト海沿岸の街で，ベッセルははげしい競争の末に星の視差の測定に成功し，地球からはるかな距離にある多くの星の位置を初めて測ったのである。

ベーテ，ハンス

生　年	1906 年 7 月 2 日
生誕地	ドイツのストラスブルク（現フランスのストラスブール）
没　年	2005 年 3 月 6 日
重要な業績	太陽の核融合プロセスを説明

ハンス・ベーテはユダヤ系の家系であったため，1933 年，彼はドイツを逃れた。英国の大学で 2 年間講師として過ごした後，ベーテはニューヨークのコーネル大学へと移った。ここでの研究をもとに，1939 年に彼は共同研究者とともに太陽における核融合の論文を発表した。第二次世界大戦中，ベーテは核分裂を利用した兵器開発を推し進めた人物の一人であった。朝鮮戦争によって世界が再び核戦争の危機にさらされた後，ベーテは熱核兵器（水素爆弾）を作りあげるプロジェクトを率いた。この爆弾は核融合を用いて，史上もっともはげしい爆発を作りだすことができた。

ホイヘンス，クリスティアーン

生　年	1629 年 4 月 14 日
生誕地	オランダのハーグ
没　年	1695 年 7 月 8 日
重要な業績	土星の環の発見

啓蒙（けいもう）時代の偉大な博学者の一人として，ホイヘンスは天文学上の発見のほかにも振り子や光学の分野でその名を残している。振り子によって駆動する時計を初めて作りあげたのもホイヘンスであり，また光は波であるという説の有力な提唱者でもあった。この説は，光の粒子説を唱えたニュートンらと対立することになったが，最終的にはそのどちらもが正しいということになった。ホイヘンスはまた，地球外生命体の可能性に言及した最初の科学者の一人でもあった。ホイヘンスは生命には水が欠かせないと考え，木星に見える模様は海であると考えていた。しかし実際は，木星には氷しか存在しない。

ベル・バーネル，ジョスリン

生　年	1943 年 7 月 15 日
生誕地	北アイルランドのベルファスト
没　年	-
重要な業績	パルサーの発見

ベル・バーネルは，ケンブリッジ大学の大学院博士課程在学中にパルサーを発見した。彼女は電波望遠鏡を建設中のアントニー・ヒューイッシュのもとで研究をし，彼女が解析したデータがブレイクスルーを引き起こすこととなったのだ。しかし，1974 年ヒューイッシュがノーベル賞を受賞したとき，ベル・バーネルはその栄誉にはあずかれなかった。（過去にも学生が選ばれなかったことは多くあった。）しかしながら，彼女はそれ以来実績が評価され，世界的にも輝かしい学者生活をおくった。2007 年，彼女は大英勲章を英国女王から賜った。

ホイル，フレッド

生　年	1915 年 6 月 24 日
生誕地	英国，ヨークシャー州のビングレー
没　年	2001 年 8 月 20 日
重要な業績	恒星内部での核融合反応の研究

フレッド・ホイルは，天文学の全体像を世に広めた天文学者の一人である。生まれながらのコミュニケーターの素質を活かしてラジオやテレビに頻繁に出演し，それによって彼自身と彼の学説は有名になっていった。宇宙の壮大な話をヨークシャーなまりで話す彼の姿は，英国中で知られるようになった。ホイルは定常宇宙論を唱えており，ビッグバン説には強硬に反対したことがよく知られている。ホイルは，第二次世界大戦中にともにレーダーを開発した同僚二人とこの定常宇宙論を練りあげていた。しかし，彼の天文学への貢献でもっとも大きなものは，星の中での元素合成を説明したことである。

ホーキング，スティーヴン

生　年	1942年1月8日
生誕地	英国のオクスフォード
没　年	−
重要な業績	ブラックホール放射の発見

神経系の病のために車いすでの生活を余儀なくされ，また声も失ったが，スティーヴン・ホーキングはアインシュタインに並ぶ科学者の象徴であり，コンピュータ合成音声で話す世界的に有名な頭脳である。ホーキングの天文学への貢献は，ブラックホールからエネルギーが放射されることを1974年に発表したことだ。粒子と反粒子はこの宇宙のどこにでも存在し，ペアで生まれては互いに衝突して消滅するということを繰り返している。ブラックホールの事象の地平線の近くでは，ペアで生まれた粒子の片方がブラックホールに吸い込まれてしまうため，対消滅が発生しない。こうして取り残された粒子がブラックホールから放射されることを，ホーキング放射と呼ぶ。

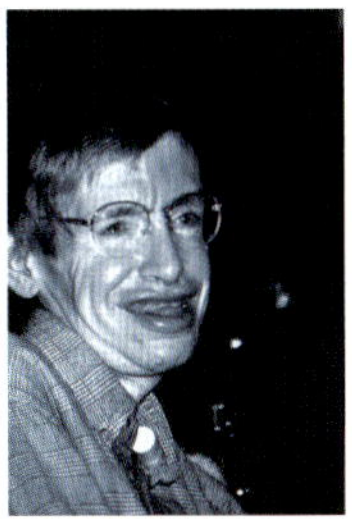

ルヴェリエ，ユルバン

生　年	1811年3月11日
生誕地	フランスのサン・ロー
没　年	1877年9月23日
重要な業績	海王星発見につながる計算の実行

ルヴェリエは，もともとは偉大な化学者ジョセフ・ルイ・ゲイ＝リュサックのもとで化学を学んでいた。その後彼は天文学に転向し，のちにパリ天文台で仕事を得た。しかし彼は広く受け入れられる性格ではなかったようだ。「ルヴェリエがフランス中で一番の嫌われ者かどうかは実際のところはわからないが，わたしにいわせれば彼はもっとも嫌われている」と彼の同僚はいったという。ルヴェリエがこうして嫌われていたから，彼の一番の業績である海王星発見につながる計算をパリの天文学者は誰も一緒に確かめようとしなかったのだろう。ルヴェリエは，彼の計算結果を外国に送るしかなかったのだ。

メシエ，シャルル

生　年	1730年6月26日
生誕地	フランスのバドンヴィレ
没　年	1817年4月12日
重要な業績	恒星以外の天体のカタログ作成

メシエはフランスの片田舎で不自由なく育ったが，若くに父親を亡くしている。彼の兄は亡くなった父に代わってメシエの教育の面倒を見てくれたため，メシエはパリの海軍天文台に就職して生計を立てることができた。メシエの業務は地図作りと観測補助であった。メシエは，76年前に予測されたハレー彗星（すいせい）の回帰を大勢の天文学者と待ち構えていた。しかしメシエは，紛らわしい天体を見つけるたびにうんざりしてしまうので，恒星ではない天体をあらかじめカタログにまとめておくことを決心した。現在そのカタログにはメシエの名がつけられている。

レーマー，オーレ

生　年	1644年9月25日
生誕地	デンマーク，ユトランド半島のオーフス
没　年	1710年9月23日
重要な業績	天文学的方法による最初の光速の測定

レーマーの元の苗字はペダーソンというものだったが，家族の出身の島（レム島）の名前を取ってレーマーと名乗り始めた。コペンハーゲン大学で勉強するあいだ，レーマーは当時の著名な科学者ラスマス・バーソリンと一緒に暮らしていた。バーソリンはデンマークの偉大な研究者であるティコ・ブラーエに関しての論文を執筆しているところだった。パリで王族の家庭教師としてはたらいたりパリ天文台に勤務した後，レーマーは故郷に戻って警官や数学者，デンマーク王立裁判所の裁判官，そしてコペンハーゲン大学の天文学教授などさまざまな職を務めた。

訳者あとがき

この本には，人と宇宙のかかわり方をがらりと変えた100の発見が取り上げられている。そもそも，人にとって宇宙とはどんな存在だろうか。神々の住まう敬いの対象としての宇宙，農耕や航海のための道具としての宇宙，科学的探究心の対象としての宇宙，開拓の対象としての宇宙……。時代によって，あるいは文化によって，そのとらえ方はさまざまだった。現代科学からみれば，惑星の運行や彗星の出現によって国家の行く末を占うなどまったく荒唐無稽な話だが，そう簡単に否定することはできないだろう。どの時代においてもおそらく人は真摯に宇宙と向きあい，その人の世界観・価値観のなかで真剣に宇宙を読み解こうとしてきたはずだ。そして，そうした世界観や価値観を壊し新しいものを作りだすきっかけとなったのが，この本で取りあげた100の発見だ。

歴史を変えた発見といっても，もちろんここにある100件だけが重要なわけではない。一つの大発見の裏側には，何十何百もの小さな発見，地道な進歩が必ず隠れている。たとえば，コペルニクスは彼一人だけで地動説を編みだしたわけではなく，古代ギリシアやイスラム世界で積み重ねられてきたさまざまなアイデアや観測事実をもとにしてその結論にたどり着いたはずだ。またアポロ11号の月面着陸にしても，ロケットエンジンや機械制御，通信，宇宙服の開発などさまざまな技術開発があって初めて成立する偉業なのだ。現代でもノーベル賞を受賞するような華々しい業績がメディアに大きく取り上げられ注目を集めるが，それを支える数多の「小発見」とそれに貢献してきた無名の人たちの努力にも，あらためて敬意を表したいとわたしは思う。

またこの本では，発見そのものだけでなくそれを成し遂げてきた著名な人々の人柄にも多く触れている。彼ら・彼女らだって人間だ。世のなかの人が全員聖人君子でないのと同様に，偉大な発見をした人が聖人君子であるとは限らない。ライバルへの対抗心を燃やして偉業を成し遂げた人もいただろうし，逆に自らのアイデアに固執するあまりに冷静な考察ができなかった人もいただろう。歴史を変えた発見は単に年表に書かれた事実ではなく，実在の人の手でなされてきたものであり，それを担ってきた人にはもちろんそれぞれに個性がある。地道なデータの積み重ねが得意な人，周囲に笑われるような突飛なアイデアを出して学問を大きく進める人。幼い頃から才能を発揮してエリートコースを歩んだ人もいれば，ある程度の年齢になってようやく努力が実を結んだ人もいる。バラエティに富んだ個性のもち主たちが絡みあいながら紡ぎあげてきたもの，それが現在のわたしたちの世界観を形作っているのだ。

では，この先にはどんな大発見が待っているだろうか。この本の終わりには，未解決問題がいくつか挙げられている。現代の研究者たちは，こうした未解決問題を解くためにさまざまな理論を構築し，観測装置や実験装置を作りあげて研究を進めている。最近ではコンピュータによるシミュレーション研究も強力な手段だ。しかし先に述べたように，こうした問題が一足飛びに解決するということはほとんどないから，半歩ずつじりじりと答えに歩み寄るような地道な研究成果を積み重ねる必要があるだろう。いっぽうで，これから生まれる未解決問題もあるだろう。ひょっとしたら，わたしたちはまだそこに問題があることにすら気づいていないのかもしれない。

「重箱の隅もつつき続けると穴が開き，新しい世界が見えてくる」と，わたしの研究上の師にいわれたことがある。個々の研究は重箱の隅をつつくような小さなものかもしれないが，それが積み重なると大きなブレイクスルーがもたらされる（かもしれない）という意味だ。その先には，もちろん未解決の問題がさらにたくさん眠っている。しかしそれを繰り返して，わたしたちの世界観・宇宙観は築きあげられてきた。自然と真摯に向き合うこと，それが新しい世界への第一歩なのだ。

2014年9月

平　松　正　顕

索　引

※特に詳しい解説が記載されているページは太字で示した。

ま行

や行

ら行

わ行

図の出典

本 文

© **2005 Antikythera Mechanism Research Project** Scientific Data of Fragment A of the Antikythera Mechanism 17 bottom. **Alamy** /© Cosmo Condina Mexico 7 top; © Ancient Art & Architecture Collection Ltd 7 bottom; © North Wind Picture Archives 16; © The Art Archive 18; © Pictorial Press Ltd 22 top; © Mary Evans Picture Library 24 left; © The Art Archive 24 right; © The Art Gallery Collection 31 bottom; © World History Archive 32 bottom; © Greg Balfour Evans 33 top; © The Art Gallery Collection 35 bottom; © The Art Archive 39 top; © Ian M Butterfield (Bristol) 55 bottom; © Keystone Pictures USA 58; © The Art Archive 97 top; © The Art Gallery Collection 1; © The Art Gallery Collection 30-31 bottom. **Bradbury and Williams** 4-5, 14, 15, 17, 57, 61, 105, 114-115, 118-119, 120-121. **Corbis** 6; 10; 40 bottom; /Stocktrek Images 8; The Print Collector 9 bottom; Heritage Images 52 bottom; 126 bottom left; 132 bottom left; 134 bottom right. **Getty** Historic Map Works LLC 55 top. **NASA** 106; **NASA/JPL-Caltech** 92 top; **NASA/JPL-Caltech/ESA/Harvard-Smithsonian CfA** 64-65; **NASA/JPL-Caltech/UCLA** i. **James Reynolds & Sons** (c. 1850) 3 top. **Science Photo Library** endpapers/Frank Zullo 2 left; SOHO/ESA/NASA 3 bottom; Dr Fred Espanak 13; 15; Royal Astronomical Society 19 top; NYPL/Science Source 19 bottom; European Southern Observatory 21; Detlev van Ravenswaay 23; 25 left; 25 right; 26; Crawford Library/Royal Observatory, Edinburgh 27 top left; top center; 28; Royal Astronomical Society 29 bottom; Adam Hart-Davis 30; 31 top; Royal Astronomical Society 32 top; NYPL/Science Source 33 bottom; American Institute of Physics 34; Royal Astronomical Society 35 center; Sheila Terry 36; Science, Industry and Business Library/New York Public Library 37; 38; Royal Astronomical Society 39 bottom; 40 top; Sheila Terry 41; 42 bottom; Maria Platt-Evans 42 top; 43 top; Royal Astronomical Society 43 bottom; 44 top; Science Source 44 bottom; NOAA 46 bottom; Dr Jeremy Burgess 47; David Parker 48; Royal Astronomical Society 49 top, 49 bottom, 50, 51; Detlev van Ravenswaay 52 top, 53 top; Dept. of Physics, Imperial College 53 bottom; Detlev Van Ravenswaay 54 top, 54 bottom; RIA Novosti 56 bottom; Library of Congress 57 top; 59; Mark Garlick 60; Jon Lomberg 62; Julian Baum 63 top; 63 bottom; NASA/ESA/STSCI/H.Ford, JHU 64 center right; Emilio Segre Visual Archives/American Institute of Physics 64 bottom; NASA 66 left, 66 right; Royal Astronomical Society 67 bottom; 68; NASA/ESA/STSCI/J.Morse, U.Colorado 69 top left; Stefan Schiessl 69 bottom right; Claus Lunau 70; Seymour 71; Detlev van Ravenswaay 72,73; Emilio Segre Visual Archives/American Institute of Physics 76 center right, 76 bottom left; RIA Novosti 78 left; Jack Finch 78 bottom right; RIA Novosti 79; US Air Force 80 top; NASA 80 bottom; NASA/JPL 81; Lynette Cook 83; NASA 84 left, 84 right, 85 top; Philippe Plailly/Eurelios 85 bottom; NASA 86, 87 top; NRAO/AUI/NSF 87 bottom; RIA Novosti 88 top; NASA 89 center right; Joe Tucciarone 91 top; NASA 91 bottom right; Christian Darkin 92 bottom; NASA 93; 94; Henning Dalhoff 95 top; NASA 95 bottom; Julian Baum 96; European Space Agency 97 bottom; NASA/ESA/STSCI/P.Challis & R.Kirschner, Harvard 98; JPL/NASA 99 top, 99 bottom; NASA/ESA and The Hubble Heritage Team STScI/AURA 100; NASA 101; Julian Baum 102 top; David A. Hardy 102 bottom; Ton Kinsbergen 103; NASA 104 left, 104 right; Mike Agliolo 107; Johns Hopkins University Applied Physics Laboratory 108; NASA/JPL/UMD 109 top; Mark Garlick 109 bottom; Detlev van Ravenswaay 110 left; NASA/JPL-CALTECH/UNIVERSITY OF ARIZONA/TEXAS A AND M UNIVERSITY 111 top; ESA/NASA 112 top; Walter Myers 112 bottom; Lynette Cook 113; John Sanford 116 top right; European Space Agency 116 top far left; US Geological Survey 116 top second from left; NASA 116 center; Kevin A. Horgan 116 center second from right; NASA/ESA/L. Sromovsky, U. Wisc/STScl 117 center right; NASA 117 far right; Kevin A. Horgan 120 bottom; Richard Kail 122; Mark Garlick 123 top; Henning Dalhoff 124; Victor de Schwanberg 125 top; Los Alamos National Laboratory 125 bottom; Robin Scagell 126 bottom right; 127 top left; Sheila Terry 127 top right; Los Alamos National Laboratory 127 bottom left; NASA 127 bottom right; New York Public Library Picture Collection 128 top left; 128 top right; American Institute of Physics 128 bottom left; NYPL/Science Source 128 bottom right; Library of Congress 129 top left; Sheila Terry 129 top right; US Library of Congress 129 bottom left; Science Source 129 bottom right; 130 top left; Sheila Terry 130 top right; Science Source 130 bottom left; 130 bottom right; Library of Congress 131 top left; Sheila Terry 131 top right; Science Source 131 bottom left; James King-Holmes 131 bottom right; 132 top left; A. Barrington Brown 132 top right; Hale Observatories 132 bottom right; 133 top left; Royal Astronomical Society 133 top right; Sheila Terry 133 bottom left; 133 bottom right; Dr Jeremy Burgess 134 top left; Science Source 134 top right; NYPL/Science Source 134 bottom left; 135 top left; 135 top right; 135 bottom left; Emilio Segre Visual Archives/American Institute of Physics 135 bottom right; NYPL/Science Source ii; RIA Novosti i background, ii,1 background; NASA 88-89, 110-111; RIA Novosti 56 top; Physics Today Collection/American Institute of Physics 82 top; Stefan Schiessl 74-75; NASA/CXC/M.WEISS 115. **Thinkstock** 11 bottom; /Photos.com 12; 22 bottom, Photos.com 27 bottom; 45; 90; 91 bottom left; 117 left; /Goodshoot 117 top; 123 bottom; /Digital Vision 116-117 center; /Stockbyte 82-83. **Werner Forman Archive**/British Museum, London 2 right; Royal Canonry of Premonstratensiens, Strahov, Prague 9 top; Private Collection 11 top; British Museum, London. **Colin Woodman** 29 top, 46, 67 top, 77.

年 表

Alamy/ © The Art Gallery Collection. **Corbis**; Corbis/ © Alfredo Dagli Orti; The Art Archive; © Arvind Garg; © Christophe Boisvieux; © Flip Schulke; © Francis Dean; © Gianni Dagli Orti; © Greg Smith; Hemis; Heritage Images; © Hoang Van Danh; © Jon Arnold; JAI; © J P Laffont; Sygma; © Kevin Schafer; © Leif Skoogfors; © Leonard de Selva; © Leslie Richard Jacobs; © Lindsay Hebberd; © Mark Rykoff; Michael Ochs; © Michel Setboun; © Pablo Corral Vega; © Paul Souders; © Third Eye Images; © Tim Graham; © Werner Forman; © Xinhua; Heritage Images; National Geographic Society; Ocean; Sygma; The Print Collector. **Science Photo Library**/Allan Morton/Dennis Milon; Babak Tafreshi,Twan; CCI Archives; Daniel Sambraus; David Parker; Detlev Van Ravenswaay; Dr Jeremy Burgess; Martin Bond; Mehau Kulyk; NASA; NASA/Johns Hopkins University Applied Physics Laboratory/Carnegie Insiitution of Washington; NIBSC; RIA Novosti; Royal Astronomical Society; Science Source; Sheila Terry; Simon Fraser; Tek Image; Walt Anderson, Visuals Unlimited.

天文学の歴史年表

天文学

紀元前3000年頃　シュメール人が明るい星々を記録に残し、最初の黄道12星座を作る。

紀元前2550〜2490年　エジプトで**ギザのピラミッド**が建設される。ピラミッドにはおそらく星の位置が反映されている。

紀元前2296年　中国の天文学者による、**最古の彗星（すいせい）の観測記録**。

紀元前2137年　日食が**中国の記録**に残される。

紀元前2000年頃　**月と太陽の暦**がエジプト・メソポタミアで作られる。

バビロニア人が60進法を発明。現在も時刻や角度の表現に使われている。

紀元前2000年　英国に夏至・冬至を示す**ストーンヘンジ**が作られる。

紀元前1600〜1400年　ヨーロッパでもっとも古い星図「**トランドホルムの太陽の馬車**」がデンマークで作られる。

紀元前1450年　古代エジプトで**日時計**が使われ始める。

紀元前1400年　**エジプト**で1年を365日とする**暦**が使われ始める。

紀元前763年　バビロニア人によって日食が記録される。

紀元前585年　**ミレトスのタレス**が日

ギザのピラミッド

ストーンヘンジ

トランドホルムの太陽の馬車

科学とイノベーション

紀元前3200年頃　初の**文字システム**、エジプトのヒエログリフとシュメールのくさび型文字が確立。ヒエログリフでは数字も表現された。

シュメール文明で**車輪**が発明される。

紀元前2500年頃　エジプトで**ミイラの技術**が発展する。

紀元前2500年　計算の道具、**アバカス**が発明される。

紀元前2300年頃　インダス川沿いのロータルで、**世界最古の造船所**が作られる。

紀元前2066年　エジプトで**ガラス技術**が発達し、色鮮やかな陶磁器が作られる。

紀元前2000年頃　クレタ島**クノッソス**のミノア宮殿に**水道**が引かれる。

ペルーで**綿花**の栽培が始まる。

エジプト王族の子どもの教育のために、**標準化された**

シュメール文明の車輪

クノッソスの宮殿

世界の出来事

紀元前3761年　天地創造から始まる**ユダヤ暦**の起点。

紀元前3000年　**新石器時代・青銅器時代**の文化がヨーロッパで繁栄する。

紀元前2600年　インド北西部とパキスタンで**インダス文明**が繁栄する。精巧な下水システムが都市に整備される。

紀元前2040年　ヒンドゥー文化のラーマヤナの英雄**ラマ王子**が生まれたとされる。

紀元前2000年頃　**インド・ヨーロッパ語族の人々**がアジアからヨーロッパに広がる。

紀元前1600年頃　中国の商王朝で**甲骨占い**が行われる。

紀元前1350年頃　エジプトの**ファラオ、アメンホテプ4世**が、それまで信仰されていた

青銅器時代の容器

ラマ王子

アメンホテプ4世

食の予測のために観測データを使う。

紀元前580年　ギリシアの哲学者**アナクシマンドロス**が、地球は宇宙に浮かんだ円筒だと主張。

紀元前440年　**レウキッポス**がこの世界は原子でできていると主張。

紀元前400年　**エウドクソス**が天球という概念を提案。

紀元前350年　**プラトン**と**アリストテレス**が、地球が宇宙の中心であると主張。

バビロニアの天文学者

レウキッポス

アリストテレスが、地球をはじめとする天体は球であると主張。

紀元前270年　**アリスタルコス**がプラトンの地球中心説に反論、太陽中心説を提案。しかしこの説は世間にはまったく受け入れられなかった。

紀元前240年　**ハレー彗星**の最古の記録が中国で作成される。

紀元前194年　**エラトステネス**が太陽の角度を使って地球の大きさを計算。

紀元前150年　**ヒッパルコス**が**アストロラーベ**を発明。

紀元前120年　**ヒッパルコス**が夜空を緯度と経度で分割。また、地球の自転のぶれ（歳差）を発見。

紀元前65年　天体の運動を予測する**アンティキティラの機械**が作られる。

ヒッパルコス

紀元前46年　**ユリウス・カエサル**がローマの暦を改変、現代につながるユリウス暦が誕生。

西暦990年　**アル＝ビールーニー**がインドの山頂からの観測により、地球の円周を測定。

1054年　**中国の天文学者**が、かに星雲のもとになる超新星爆発を観測。

1543年　**コペルニクス**が**太陽を中心とする宇宙像**の詳細を公表。太陽のまわりを地球が回るという考え方であった。

1570年代　**ティコ・ブラーエ**がそれまででもっとも詳細な掃天

教科書が使われるようになる。

紀元前1200年　アジアのヒッタイト地方で**鉄器時代**が始まる。

紀元前1000年　中国で、文字を書くために**筆記具**が使われ始める。

紀元前876年　**インド**で、数字の0の概念が生まれる。

紀元前600年頃　**ヘロドトス**によれば、この頃、フェニキア人がアフリカ大陸の周囲を航海していた。

紀元前500～200年　**プラトン**、**ユークリッド**、**アリストテレス**、**アルキメデス**といった**ギリシアの偉大な哲学者**たちが、科学と数学の考え方を進展させた。

プラトン

紀元前100年頃　南米で**ココアの栽培**が始まる。

紀元前90～20年　**ローマの技術者ウィトルウィウス**が、建築に関する10巻の書籍を記した。

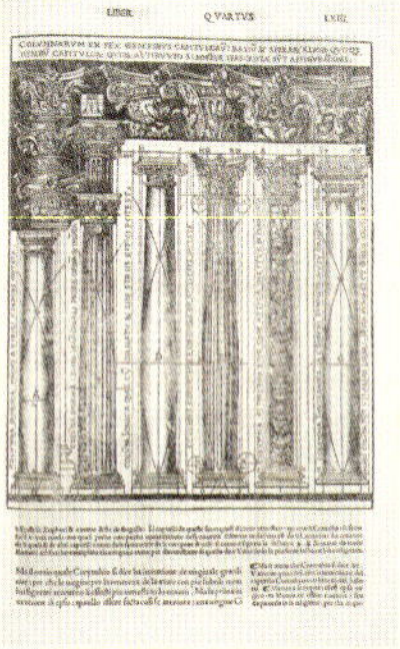
ウィトルウィウス著『建築について』

紀元前90年頃　**マルクス・トゥリウス・ティロ**が、のちに修道士のあいだで使われることになる速記法を開発した。

紀元前48年　エジプト、**アレクサンドリアの大図書館**が火災で倒壊。

西暦595年　現在広く世界で使われているイン

神々ではなく唯一神アテンを信仰するように改革を行う。

紀元前563～483年　仏教の開祖、インドの王子**ゴータマ・シッダールタ**が登場する。

紀元前551～479年頃　孔子の生涯。彼の考え方は中国、日本、韓国、ベトナムにおいて何百年も人々の社会生活の基礎となった。

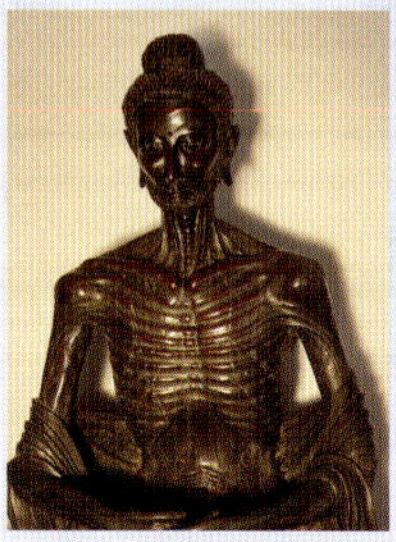
ゴータマ・シッダールタ

紀元前509年　**ローマ帝国**が共和制に移行する。

紀元前400年頃　中米の**マヤ文明**が、儀式のために複雑な暦を作成する。

紀元前200年頃　**ロゼッタストーン**がエジプトで作られる。ペルー・ナスカに巨大な地上絵が描かれる。

紀元前112年　**シルクロード**を通じて、西ヨーロッパと中国のあいだで交易が始まる。

ナスカの地上絵

紀元前50年頃　古代ギリシア・エジプト、あるいはギリシア・ローマ文化のいたるところで、魔術書が書かれるようになる。

紀元前27年　共和制のローマが**アウグストゥス・カエサル**のもとで帝政に戻る。

西暦30年頃　**イエス・キリスト**が処刑される。

700～1200年　バグダードとスペインのコルドバを中心とする**イスラム黄金時代**。

観測を実行。

1582年　グレゴリオ13世の名を冠する**グレゴリオ暦**が完成、ユリウス暦のずれが修正される。

1600年　**ウィリアム・ギルバート**が地球の磁場を発見。

1608年　**ハンス・リッペルスハイ**がガラスレンズを使った望遠鏡を発明。

1609年　**ケプラーの惑星運動の法則**が確立。惑星は真円ではなく楕円(だえん)軌道をもつことが明らかに。

1610年　**ガリレオ**が太陽、月、惑星観測の成果を『星界の報告』として出版。

1639年　**エレミア・ホロックス**がケプラーの法則を用いて予言されていた金星の太陽面通過を観測。

1655年　**クリスティアーン・ホイヘンス**が土星の周囲の奇妙な構造は惑星を取り巻く環であると提案。

1668年　**アイザック・ニュートン**が王立協会に反射望遠鏡のデザインを紹介。

1675年　ロンドン近郊のグリニッジに**王立天文台**が設立、世界標準時のもととなる標準経度の基準となる。

1676年　**オーレ・レーマー**が木星の衛星の食を利用して光の速度を測定。

1687年　**アイザック・ニュートン**が万有引力の法則を発表。

1705年　**エドモンド・ハレー**が、彼の名前が冠されることになる彗星の軌道周期を計算し、その予測通り彗星が回帰する。

1739年　**フランス測地委員会**により、地球の形状を測定するためにエクアドルとラップランドへの測地探検が実行される。これにより地球が極方向にわずかに平らであることが判明する。

1750年　**ニコラ・ド・ラカイユ**により、南天の空の詳細な調査が行われる。

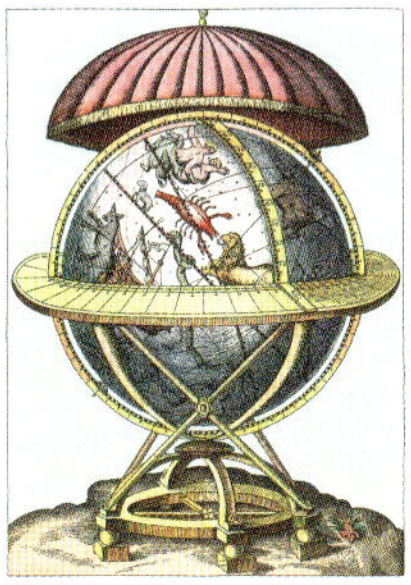
ティコ・ブラーエの天球

ガリレオ

ニュートンの反射望遠鏡

ド・**アラビア数字**のシステムが確立される。

1088年　中国の**沈括**(しんかつ)が『夢渓筆談(むけいひつだん)』を記す。この書籍は方位磁針や活字など中国の知識を紹介するものであった。

1440年　**ヨハネス・グーテンベルク**がヨーロッパで活版印刷を発明する。

1583年　ピサの聖堂で**ゆれるランプ**を見たガリレオが、振り子の長さとその周期の関係を定式化する。

1591年　**フランソワ・ヴィエト**が、今日(こんにち)も使われる文字xとyを用いて代数学を確立する。

1600年　**キャスパー・レーマン**がカットグラスの技術を開発する。

1611年　**マルコ・ドミニス**が虹の科学的説明を行う。

1616年　**ヴィレブロルト・スネル**が光の屈折を発見する。

1620年頃　**コルネリウス・ドレベル**が潜水艇を設計・実験する。

1622年　**計算尺**が発明される。

1650～1700年　ヨーロッパで、知識が大きく増大した**啓蒙**(けいもう)**時代**が始まる。

1660年　ロンドンで**王立協会**が設立される。

1662年　**ロバート・ボイル**が、気体の体積は圧力に反比例するというボイルの法則を発見する。

1674年　**アントニー・ファン・レーウェンフック**が自ら研磨したレンズを使って微生物を発見する。これは現在の微生物学や細菌学の基礎になった。

1701年　**ジェスロ・タル**が機械式種まき機を発明し、**農業革命**が起こる。

1735年　**カール・リンネ**が、種と属で生物を分類する方法を確立する。

1066年　**ノルマン人**が英国を征服する。

1452～1519年　偉大な芸術家であり科学者、神秘主義者である**レオナルド・ダ・ヴィンチ**が登場する。

1453年　**オスマントルコ**がコンスタンティノープルを征服する。まもなくビザンツ帝国が終焉(しゅうえん)を迎える。

1536年　**インカ帝国**と**アステカ帝国**がスペインに投降する。

1547年　フランスの占星術師ノストラダムスが初めて予言を行う。

1578年　チベット仏教の指導者に初めてダライ・ラマの称号が与えられる。

1588年　**スペイン無敵艦隊**が英国艦隊に敗れる。

1619年　**アフリカ人奴隷**が北米のヨーロッパ諸国植民地に連行される。

1638年　**キリスト教**が日本で禁止される。

1665年　英国で**ペスト**が大流行する。

1666年　**ロンドン大火**で古い市街地がほと

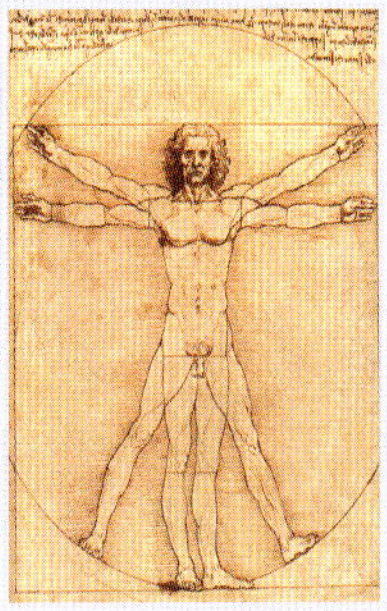
ダ・ヴィンチの「ウィトルウィウス的人体図」

スペイン無敵艦隊

奴隷の売買

1757年 経度を計算する最新の装置、**六分儀**が発明される。
1773年 **ジョン・ハリソン**の**クロノメーター**が経度計測の最善の方法として認められる。
1779年 **ビュフォン伯**が鉄の球の冷却にかかる時間を測定し、これを外挿することで地球の年齢が7万5000年であると提唱。
1781年 **ウィリアム・ハーシェル**が天王星を発見。
1784年 **シャルル・メシエ**が恒星に見えない天体のカタログを完成させる。
ジョン・グッドリックにより**セファイド型変光星**が定義される。これを用いることで星までの距離を測定することができる。
1801年 **ジュゼッペ・ピアッツィ**が初の小惑星帯の天体**セレス**を発見。
1814年 **ヨーゼフ・フォン・フラウンホーファー**が、星の光を分光したときのスペクトルに暗線を発見。分光学の基礎となる。
1835年 **ガスパール＝ギュスターヴ・コリオリ**が「コリオリ効果」として現在知られる見かけの力を計算。地球の自転によって風や海流が曲がることを説明。
1838年 **フリードリヒ・ベッセル**が星までの距離を測定するために視差を利用。距離の単位として「光年」を導入。
1845年 **ウィリアム・パーソンズ**が19世紀最大の望遠鏡**リバイアサン**を建設。初めての渦巻銀河の観測に利用される。
1846年 ユルバン・ルヴェリエの軌道計算をもとにして、**海王星**が発見される。
1851年 **フーコーの振り子**によって地球が自転していることの直接的証拠が得

ジョン・ハリソンのクロノメーター

ハーシェルの望遠鏡

リバイアサン

フーコーの振り子

1750年 **ジョセフ・ブラック**が**二酸化炭素**を単離し、これが呼気に含まれることを示す。
1752年 **ベンジャミン・フランクリン**が雷雲の中に凧を飛ばし、避雷針を発明する。
1750年代 英国で**産業革命**が起きる。
1764年 **ジェイムズ・ワット**が蒸気機関を発明する。
1766年 **ヘンリー・キャベンディッシュ**が水素を単離する。その名はのちに**アントワーヌ・ラヴォワジエ**によって命名された。
1771年 **カール・ヴィルヘルム・シェーレ**が酸素を単離する。これが新しい元素であることは、1777年に**ラヴォワジエ**によって示された。
1789年 **アントワーヌ・ラヴォワジエ**らが元素の命名法を提案し、既知の33の元素を表にまとめる。
1801年 博学な**カール・フリードリヒ・ガウス**が『整数論』を出版する。
1844年 **モールス**が最初の電信を送る。
1850年 英国とフランスのあいだに最初の**海底ケーブル**が敷設される。
1852年 ロベルト・ブンゼンによって**ブンゼンバーナー**が発明される。
1855年 **ヘンリー・ベッセマー**が転炉と呼ば

カール・リンネ

ラヴォワジエの実験室

んど破壊されるも、ペストの流行も収束に向かう。
1703～92年 現在のサウジアラビアで信仰されているイスラム教ワッハーブ派を始めた**ムハンマド・イブン・アブドゥル・ワッハーブ**の生涯。
1768年 ロンドンで**王立芸術院**が創設される。
1771年 **ブリタニカ百科事典の第1版**が出版される。
1775～83年 **米国独立戦争**。
1789年 **フランス革命**。
1790年 **清王朝**のもとで、中国王朝はヨーロッパ全体の2倍に及ぶ大帝国となる。
1804年 **ナポレオン・ボナパルト**がフランス皇帝となり、1815年にワーテルローの戦いで敗れるまでヨーロッパ各地に侵攻する。
1818年 メアリー・シェリーが『フランケンシュタイン』を執筆する。これは初のSF小説と考えられている。

ペストの大流行

米国独立戦争・コンコードの戦い

『フランケンシュタイン』の表紙

られる。

ハインリヒ・シュワーベが太陽黒点の11年周期を提案。

1868年　太陽光の分光により、太陽大気に**ヘリウム**が発見される。

1877年　**ジョバンニ・スキャパレリ**が火星表面の水路のような模様のスケッチを公開、宇宙人論争がさかんになる。

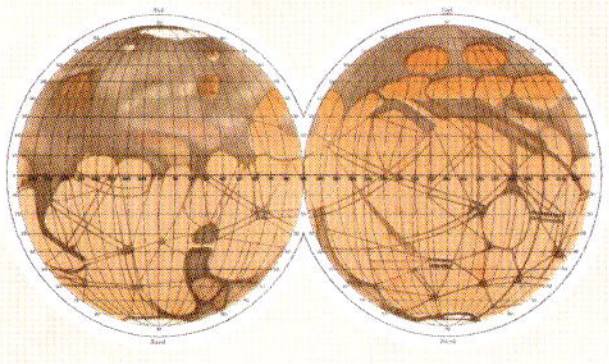

スキャパレリの火星スケッチ

1884年　**スタンフォード・フレミング**が、世界の時間帯の標準化のためにワシントンDCでの会議に招へいされる。

1895年　**コンスタンティン・ツィオルコフスキー**が宇宙に到達する方法を提案。

1900年　**サイモン・ニューカム**が黄道面（地球の軌道面）と自転軸の角度の差を測定。

1905年　**アルベルト・アインシュタイン**が特殊相対性理論を発表。宇宙のなにものも光の速度を超えられないと主張。

1912年　**ヴィクトール・ヘス**が上層大気で未知の荷電粒子を検出、宇宙線の最初の観測的証拠。

1913年　**ヘルツシュプルング-ラッセル図**が使われ始める。星の大きさ、温度、明るさによってグループ分けが可能に。

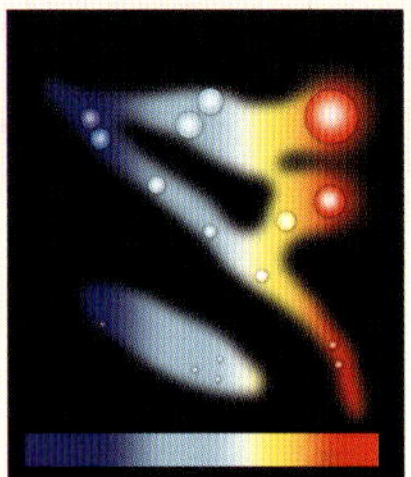

ヘルツシュプルング-ラッセル図

1915年　**アインシュタインの一般相対性理論**発表。時空がゆがみうるものであることが説明される。

1916年　**カール・シュバルツシルト**が一般相対性理論を用いてブラックホールの存在を予言。

1925年　**エドウィン・ハッブル**が、わたしたちが住む天の川銀河の外にも天体が存在することを発見。天の川銀河は宇宙にたくさん存在する銀河の一つに過ぎないことがわかった。

1926年　**ロバート・ゴダード**が世界初の液体燃料ロケットを打ち上げ。宇宙飛行の実現可能性が高まった。

1929年　**エドウィン・ハッブル**が、銀河同士が互いに遠ざかっており宇宙全体が膨張していることを発見。

1930年　**クライド・トンボー**が太陽系第9惑星となる冥王星を発見。

れる溶鉱炉を発明。製鉄業を支えた。

1859年　**内燃機関**が発明される。**チャールズ・ダーウィン**が、進化論を『種の起源』で公表する。

1861年　**ジェイムズ・クラーク・マクスウェル**が最初のカラー写真を作成する。

1864年　**ルイ・パスツール**が低温殺菌法を開発。

1866年　**グレゴール・ヨハン・メンデル**が遺伝の法則を提唱する。

グレゴール・ヨハン・メンデル

1876年　**アレグザンダー・グレアム・ベル**が電話を発明する。

1877～83年　**トマス・エディソン**が蓄音機と電球を発明する。

1901年　最初の**ノーベル賞**が授与される。**グリエルモ・マルコーニ**が初の無線通信を行う。

1903年　**ライト兄弟**が初の動力飛行に成功。

ライト兄弟

1913年　**ニールス・ボーア**が、原子核のまわりを電子が回るという原子模型を発表する。

1926年　**ジョン・ロージー・ベアード**がテレビを発明する。

1928年　**アレグザンダー・フレミング**

アレグザンダー・フレミング

1848年　**カール・マルクスとフリードリヒ・エンゲルス**が『共産党宣言』を出版する。

カール・マルクス

1868年　**神道**が日本で国の宗教となる。

1870～71年　**普仏戦争**。

普仏戦争

1883年　インドネシアで**クラカタウ火山が噴火**。

1895～1898年　H・G・ウェルズが『タイム・マシン』や『宇宙戦争』といったSF小説を執筆する。

1896年　ギリシアで第1回**近代オリンピックが開催**される。

第1回近代オリンピック

1901年　**インスタントコーヒー**が発明され、朝食に革命が起きる。

1914～18年　**第一次世界大戦**。

第一次世界大戦

1920年代　バウハウス、シュールレアリスム、アールデコといった**芸術運動**が起こる。

1927～49年　**中国内戦**。毛沢東のもとで中華人民共和国が成立。

1929年　米国の株式市場に端を発した**世界**

1933年　**スブラマニヤン・チャンドラセカール**が超新星爆発を起こす星の大きさを計算。

ウォルター・バーデと**フリッツ・ツビッキー**が中性子星の存在を提唱。

ヤン・オールトが天の川銀河の中での太陽の運動を測定し、宇宙の全質量の大半は見えないものであることを提唱。現在のダークマターの概念が生まれる。

1939年　**ハンス・ベーテ**が、恒星が核融合でエネルギーを放出していることを解明。

1942年　**ヴェルナー・フォン・ブラウン**が初の弾道ミサイル**V-2**ロケットを開発する。

1946年　**フレッド・ホイル**と共同研究者たちが、恒星内部での元素合成を解明。ヘリウムより重いすべての元素は恒星内部でできたと主張。

1947年　**チャック・イェーガー**がベルX-1で初めて音速を突破。

1957年　初の人工衛星**スプートニク1号**打ち上げ。

1960年　2匹のロシア犬**ベルカ**と**ストレルカ**が、地球軌道を周回して無事に生還した最初の動物となる。

ジョー・キッティンジャーが高度31キロメートルからの落下実験に成功。宇宙飛行に近い条件での実験となった。

1961年　**ユーリー・ガガーリン**が人類として初めて宇宙に到達。

1962年　NASAの**マリナー2号**による金星探査。地球以外の惑星に初めて人工物が到達した。

1965年　ビッグバンの名残である**宇宙マイクロ波背景放射**が空全体からやってきていることが発見される。

1967年　電波望遠鏡によって**パルサー**が発見される。これは、高速で回転しビーム状に放射を出す中性子星であった。

ヴェルナー・フォン・ブラウン

ベルX-1

スプートニク1号

が抗生物質ペニシリンを発見する。

1935年　**エルヴィン・シュレーディンガー**が、思考実験「シュレーディンガーの猫」を考案する。

1938年　**エンリコ・フェルミ**が初めて核分裂の連鎖反応を成功させる。

1945年　広島と長崎に**原子爆弾**が投下される。

1947年　**ポラロイド・インスタントカメラ**が開発される。

1952年　**ジェット旅客機**が初の民間飛行に飛び立つ。

1953年　**フランシス・クリック**と**ジェイムズ・ワトソン**がDNA（デオキシリボ核酸）の形状と遺伝子構造を発見する。

1955年　**ジョナス・ソーク**がポリオワクチンの開発を公表する。

1958年　初の**通信衛星**が打ち上げられる。

1962年　**シリコンチップ**の特許が取得される。

1965年　IBMがフロッピーディスクを発表。

1967年　初の**心臓移植**が行われる。

1969年　初の**垂直離着陸機（VTOL）**、ハリアーが開発される。

1970年　**ビデオカセット**が開発される。

1971年　**西ドイ**

ポラロイド・インスタントカメラ

ハリアー

恐慌が起きる。

1936年　マーガレット・ミッチェルが『**風と共に去りぬ**』の中で、登場人物の性格を黄道12宮の星座と関連づける。

1939～45年　**第二次世界大戦**。

1948年　インドでマハトマ・ガンディーが暗殺される。

イスラエルが建国される。

南アフリカで**アパルトヘイト**（人種隔離政策）が始まる。

1950～53年　**朝鮮戦争**。

1953～59年　フィデル・カストロとチェ・ゲバラによる**キューバ革命**が起きる。

1950～60年代　**アンディ・ウォーホル**、**ロイ・リキテンスタイン**、**デイヴィッド・ホックニー**らによるポップカルチャーが花開く。

1959年　**ダライ・ラマ**と10万人のチベット人が、中国によるチベット迫害を逃れてインドに移動。

1965～73年　**ベトナム戦争**。

1968年　米国上院議員ロバート・ケネディが暗殺される。

第二次世界大戦

チェ・ゲバラとフィデル・カストロ

ベトナム戦争

宇宙でもっとも明るい現象である**ガンマ線バースト**が初めて観測される。

1969年 **アポロ11号**打ち上げ。**ニール・アームストロング**が月に到達した初の人類となる。

1971年 初の宇宙ステーション、**サリュート1号**打ち上げ。

1974年 天の川銀河の中心に巨大ブラックホール**いて座A***が発見される。

1975年 **ベネラ9号**が金星に着陸し、地表の画像を送ってくる。ベネラ9号は地球以外の惑星に初めて着陸した探査機となる。

1976年 **バイキング1号**が初めて火星に着陸。

1977年 外惑星探査のために**ボイジャー1号・2号**が打ち上げられる。

1979年 非常に強い磁場をもつ中性子星**マグネター**が発見される。

1981年 NASAの**スペースシャトル・コロンビア**打ち上げ。初の再利用可能ロケットとなる。

1986年 天の川銀河の数千倍の質量をもつ謎の重力源**グレート・アトラクター**が**ケンタウルス超銀河団**の中に発見される。

探査機ジオットとほかの探査機が、ハレー彗星に接近探査する。

1987年 現代天文学者が初めて目にする超新星**SN 1987A**が出現。

1990年 **マゼラン探査機**が、雲に隠されて見えない金星表面の詳細な地図を作成。

ハッブル宇宙望遠鏡打ち上げ。

1992年 **宇宙背景放射探査衛星**（COBE）が宇宙の温度にムラがあることを発見。

天の川

バイキング1号が撮影した火星表面

コロンビアの打ち上げ

ハッブル宇宙望遠鏡

ツが磁気浮上式列車（リニアモーターカー）の開発を開始する。

1974年 アーサー・フライが**ポストイット**を開発する。

レーザープリンターが開発される。

ポール・バーグが、バクテリアの遺伝子工学研究に潜在的な危険があることを感じて自身の研究をやめ、遺伝子工学に関する国際ガイドラインを策定する。

1976年 超音速旅客機**コンコルド**が初飛行を行う。

進化生物学者**リチャード・ドーキンス**が『利己的な遺伝子』を記し、進化が遺伝子によって駆動されることを論じる。また文化的に情報が伝えられることに対し「ミーム」という概念を導入した。

1977年 **磁気共鳴映像法**（MRI）がレイモンド・V・ダマディアンによって発明される。

1979年 **バーコード**が発明される。

固体と液体の中間の性質をもつ分子でできた**液晶ディスプレイ**が開発される。

1983年 **携帯電話**が初めて一般に発売され

磁気浮上式列車

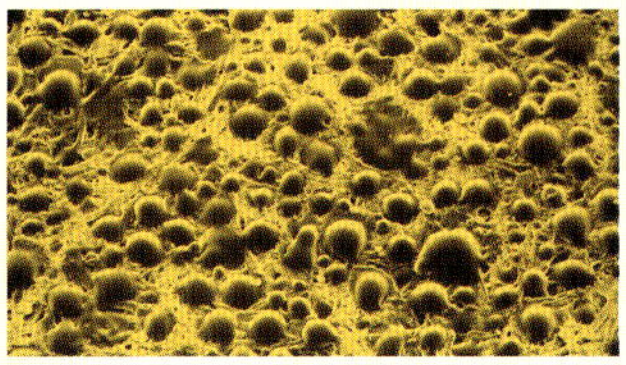
ポストイット表面の拡大写真

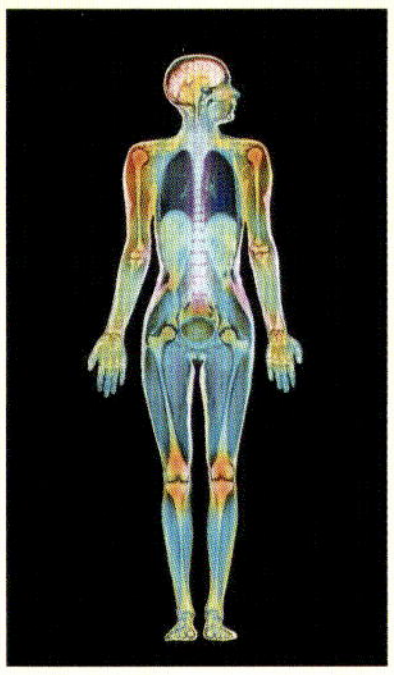
MRI画像

1974年 **米国大統領のニクソン**がウォーターゲート事件で辞任する。

1978年 **グーテンベルク**によって印刷された**聖書**が200万ドルで落札される。

1979年 米国、ペンシルヴァニア州の**スリーマイル島原子力発電所で事故**。

マザー・テレサがカルカッタでの慈善事業に対してノーベル平和賞を受ける。

イラン革命と国王の退位により、イランは**アーヤトラー・ホメイニ師**のもとでイスラム原理主義の国となる。

1982年 **マイケル・ジャクソン**がアルバム「スリラー」発表。史上最高の売り上げを記録する。

1987年 **パレスチナ**がイスラエルに対して**インティファーダ**を開始する。

1989年 **冷戦が終結**する。

1990年 **ピサの斜塔**が、安全上の問題で公開停止になる。

南アフリカの反アパルトヘイトの

スリーマイル島

マザー・テレサ

アーヤトラー・ホメイニ師

ピサの斜塔

1994年 木星へ向かう途中の**ガリレオ探査機**が、**シューメーカー・レビー第9彗星**の木星衝突を撮影。

1995年 **太陽観測機SOHO**打ち上げ。太陽表面の詳細観測とともに彗星発見にも威力を発揮する。

1996年 **NASAの研究者**が、南極で発見された火星からの隕石に原始的なバクテリアの化石を発見したと発表。

1998年 **宇宙膨張**が加速していることが発見され、未知の力ダークエネルギーが提唱される。

国際宇宙ステーションの最初のモジュールが打ち上げられる。2014年現在、国際宇宙ステーションは史上最大の人工宇宙構造物である。

2000年 生物科学者**ピーター・ワード**と**ドナルド・ブラウンリー**が**「まれな地球」仮説**を提唱。地球の複雑な生命体は、宇宙では二度と起きないほど複雑な過程を経てできあがったと主張。

2001年 **小惑星探査機NEARシューメーカー**が、小惑星エロスに着陸。小惑星に着陸した初の探査機となる。

2003年 **中国**が世界で3番目に有人宇宙飛行に成功。

2004年 **探査機ホイヘンス**が土星最大の衛星タイタンに着陸、液体の湖のようなものを発見。

2006年 **冥王星**と**セレス**が**カイパーベルト**のいくつかの大きな天体とともに準惑星に分類される。

ニューホライズンズ探査機が、2015年の冥王星接近を目指して打ち上げられる。

2011年 **メッセンジャー**が初めて水星を周回する探査機となる。

ケプラー宇宙望遠鏡が太陽系外惑星を多数発見。ここには地球に似た惑星**ケプラー22b**などが含まれる。

2012年 ある研究で、宇宙の**惑星の数**は宇宙の恒星の数より多いことが推測される。

南極で採取された隕石

水星

る。

1984年 **エイズ**（後天性免疫不全症候群）ウイルスが同定される。

1988年 **スティーヴン・ホーキング**の『ホーキング、宇宙を語る』が出版され、物理学と宇宙論が広く世に知れわたった。

1989年 **シドニー・アルトマン**と**トマス・チェック**がRNAの機能を発見したことでノーベル賞を受ける。

ティム・バーナーズ・リーがワールドワイドウェブを開発する。

1995年 全世界のインターネット人口が**5000万人**を超える。

1996年 スコットランドで、**初のクローン動物**、羊のドリーが作られる。

2000年 **ヒトの遺伝情報**が解読される。

全世界のインターネット人口が**4億5000万人**を超える。

2009年 **遺伝子治療**が開始される。

2010年 ノートパソコンとスマートフォンの中間にあるタブレットコンピューター、**アップルiPad**が開発される。

2011年 全世界のインターネット人口が**20億人**を超える。

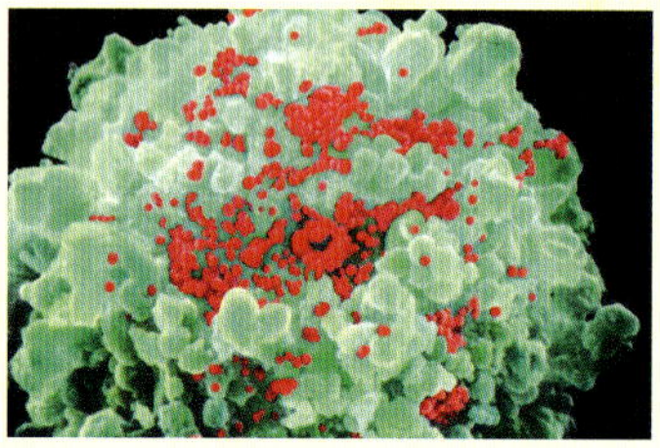
エイズウイルス

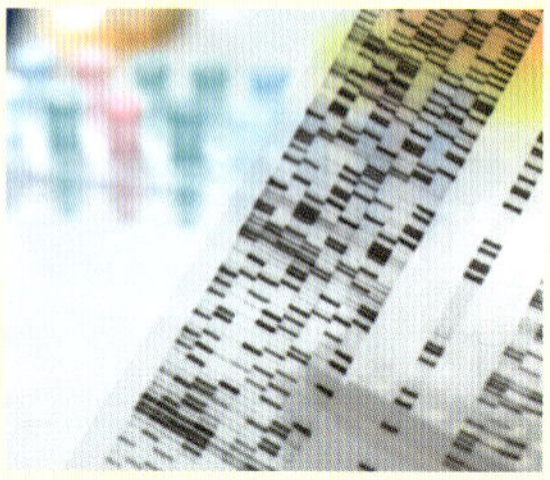
ヒトの遺伝情報

リーダー、**ネルソン・マンデラ**が27年間の投獄生活から解放される。

1990〜91年 **ソ連の崩壊**。

1991〜2001年 **ユーゴスラビア内戦**。

1997年 **鳥インフルエンザ**が猛威をふるう。

2001年 **9・11**：テロリストが飛行機をハイジャックし、ニューヨークの世界貿易センタービルとワシントンDCの国防総省に激突させる。

2004年 **スマトラ島沖地震**。津波によってインド洋沿岸の11の国で20万人が亡くなる。

2009年 **バラク・オバマ**がアフリカ系米国人として初めての米国大統領に就任。

2010年 アラブ首長国連邦のドバイに、世界でもっとも高いビル**「ブルジュ・ハリファ」**が完成する。

2011年 **地震**と**津波**によって日本で1万6000人の命が奪われ、福島第一原子力発電所が破壊される。

タリバンの指導者**オサマ・ビン・ラディン**が米国軍によって殺害される。

大津波のあとのインドネシア、バンダアチェ

ブルジュ・ハリファ

オサマ・ビン・ラディン

歴史を変えた100の大発見
宇宙――果てのない探索の歴史

平成26年10月30日　発　行

訳　者　平　松　正　顕

発行者　池　田　和　博

発行所　丸善出版株式会社
〒101-0051 東京都千代田区神田神保町二丁目17番
編集：電話(03)3512-3262／FAX(03)3512-3272
営業：電話(03)3512-3256／FAX(03)3512-3270
http://pub.maruzen.co.jp

組版印刷・製本／藤原印刷株式会社

ISBN 978-4-621-08857-9 C0344　Printed in Japan